la vie secrète des gènes

evelyne heyer

Avec la collaboration de Xavier Müller

la vie secrète des gènes

Illustrations d'Alice Mazel

Flammarion

De la même autrice

Heyer Evelyne, Reynaud-Paligot Carole et Méziane Ismaël, *Comment devient-on raciste ? Comprendre la mécanique de la haine pour mieux s'en préserver*, Casterman, 2021.

Collectif, dirs Frédérique Chlous, Evelyne Heyer et Guillaume Lecointre, *Aux frontières de l'humain*, Muséum national d'histoire naturelle, 2021.

Heyer Evelyne, *L'Odyssée des gènes*, Flammarion, 2020. Prix « Le goût des sciences », prix du jury et du public « La science se livre » et prix du livre scientifique Paris-Saclay.

Heyer Evelyne et Reynaud-Paligot Carole, *On vient vraiment tous d'Afrique ?*, coll. « Champs », Flammarion, 2019.

Collectif, avec Heyer Evelyne et Reynaud-Paligot Carole, *Nous et les autres. Des préjugés au racisme*, La Découverte, 2017.

Collectif, dir. Evelyne Heyer, *Une belle histoire de l'Homme*, Flammarion, 2015, édition révisée 2022 ; coll. « Champs », 2017.

Flammarion, 2022
ISBN : 978-2-0802-8975-9

Introduction

Gènes, génétiques, ADN, autant de mots devenus courants dans notre monde actuel. Que l'on pense aux tests d'origine génétique, aux succès de l'ADN dans les séries policières, aux prouesses médicales, et bien sûr au fameux Covid-19 dont l'ARN ne cesse de muter. Dans cet ouvrage, c'est encore une autre utilisation de l'ADN que je présente : ce que nous apprenons de notre évolution, ce qui nous constitue, nous les humains actuels, dans toute notre diversité. Pour l'exposer, j'ai choisi une trentaine de sujets que j'ai eu la chance de développer à l'antenne de « La Terre au carré » sur France Inter. Ils me tiennent à cœur, soit parce qu'ils sont d'actualité, le fruit de récentes découvertes, soit parce qu'ils me semblent fondamentaux dès lors que nous souhaitons, en comprenant d'où nous venons, réfléchir à qui nous sommes.

L'ADN est une formidable machine à remonter le temps, puisque la molécule est en fait formée d'une mosaïque de fragments d'ADN reçus de nos ancêtres. C'est grâce à son analyse sur des humains de toute la planète que l'origine africaine de notre espèce a pu être validée, qu'il est établi que nous avons tous des ancêtres migrants.

La génétique, surtout appliquée à l'évolution humaine, est une science foisonnante. Elle fourmille de découvertes qui s'accumulent à une vitesse affolante. Ainsi, il y a quelques années, nous avions appris que nos ancêtres se sont croisés avec des Néandertaliens et que nous portions presque tous un peu de l'ADN de ce cousin désormais disparu. Aujourd'hui, la nouvelle quête est de saisir ce que ces petits fragments d'ADN néandertalien changent en nous, en quoi Néandertal était différent de nous.

Sur ces questions, de nouveaux résultats sont récemment apparus... Sur d'autres questions qui nous passionnent depuis longtemps, à savoir la place de la génétique dans notre intelligence, ce sont des méthodes statistiques inédites, alliées à de grandes quantités de données génétiques, qui viennent profondément revisiter nos estimations – fortement à la baisse – de l'impact de la génétique sur le QI des humains. Un autre domaine est en pleine effervescence : retracer dans notre ADN l'extraordinaire voyage de notre espèce qui, partie d'Afrique, a colonisé quasiment toute la planète. Ce sont ces percées, ce périple, cette aventure que je souhaite partager. Bienvenue dans la vie secrète des gènes !

notre pré-histoire lointaine

le legs de Néan-dertal

L'ombre génétique de ce lointain cousin d'Europe plane dans chacune de nos cellules. Contributions à l'apparence, au système immunitaire... : nous lui devons beaucoup et même peut-être la survie de notre espèce lors de la sortie d'Afrique, il y a 70 000 ans.

Des arcades sourcilières aussi robustes qu'un pare-chocs, un nez épaté de boxeur peut-être pour réchauffer l'air froid des âges glaciaires, et une impressionnante cage thoracique pour respirer davantage d'oxygène : telle n'est pas vraiment l'image que vous renvoie le miroir en sortant de la douche. Pourtant, ce portrait est bien celui d'un de nos ancêtres, l'Homme de Néandertal. Car c'est l'une des découvertes majeures de la paléogénétique : le sang de cette espèce s'écoule dans les veines de tous les Hommes modernes, sauf des Africains. Si cette filiation est avérée depuis 2010, le voile se lève sur la nature précise de cet héritage génétique.

D'abord, petit retour en arrière : en sortant d'Afrique, notre espèce, Sapiens, a croisé une autre espèce issue d'une émigration africaine plus ancienne, Néandertal. Cet habitant de l'Europe des âges glaciaires s'est éteint il y a environ 35 000 ans, mais grâce aux analyses paléogénétiques nous connaissons son génome. Bilan : loin de se contenter d'échanger vivres ou outils, les espèces venant des deux rives de la Méditerranée se sont unies charnellement. Mieux, chacun de nous ayant un ancêtre hors d'Afrique doit environ 2 % de son génome à Néandertal. Cette modeste contribution a-t-elle eu un impact sur notre biologie ? Question difficile, ont d'abord répondu les généticiens.

Pourquoi ? Parce qu'un bout de génome néandertalien est quasiment identique à son homologue sapiens. Il existe juste 1,3 ‰ différences en moyenne entre l'ADN néandertalien et celui d'un Sapiens, soit 30 % de plus qu'entre deux Sapiens. Seconde raison : pour l'essentiel, notre génome ne code pour rien. Seulement 2 à 5 % de notre ADN jouent un rôle direct dans notre métabolisme : soit il est traduit par les cellules en protéines, soit il régule (c'est-à-dire influence) la production de ces molécules. Le rôle du reste du génome est plus subtil et bien moins connu, il jouerait en partie dans les niveaux d'expression des gènes. Bref, pour l'essentiel, nous avons reçu de Néandertal des fragments de génome quasi identiques aux nôtres, et bien malin qui peut savoir ce qu'ils changent, voire s'ils ont un effet.

Néanmoins, en dépit de ces obstacles, la génétique a commencé à parler. Néandertal a affecté notre phénotype (les traits observables du corps, comme l'apparence, le métabolisme, etc.), estime-t-elle aujourd'hui. Les variants néandertaliens de nos gènes sont impliqués dans les cheveux et la peau, les fonctions immunitaires, des traits neurologiques et la morphologie du squelette. Sur le plan des maladies, difficile de dire si le legs de Néandertal s'est révélé bénéfique ou non : dans certains cas, l'ADN néandertalien augmente le risque d'incidence, comme pour les maladies auto-immunes, alors qu'il diminue le risque de cancer de la prostate et celui de fausse couche. Certains variants prédisposent au diabète, tandis que d'autres nous en protègent.

Pour plusieurs gènes, surtout ceux impliqués dans les fonctions immunitaires, les généticiens imaginent que la balance a été favorable. Comme si en se croisant avec Néandertal lors de son avancée dans l'Eurasie froide, mal ensoleillée et peuplée de nouveaux agents pathogènes, Sapiens avait récupéré un patrimoine génétique grâce auquel il avait su s'adapter vite. *A posteriori*, mêler son sang avec les autochtones s'est révélé pour lui être une sorte d'accélérateur de l'évolution, qui lui a épargné les affres de la lente et cruelle sélection naturelle.

Revers de la médaille, l'ADN néandertalien joue des tours aujourd'hui à l'espèce humaine. Un variant de gène peut être avantageux dans un environnement donné et ne plus l'être à une autre époque. L'actualité nous en a offert un exemple frappant : des malades souffrant de formes graves du Covid-19 ont dû la gravité de leurs symptômes à des gènes néandertaliens qui sommeillaient en eux. Si Néandertal revenait aujourd'hui, l'histoire s'inverserait : peut-être n'aurait-il d'autre choix pour survivre que de se croiser avec nous.

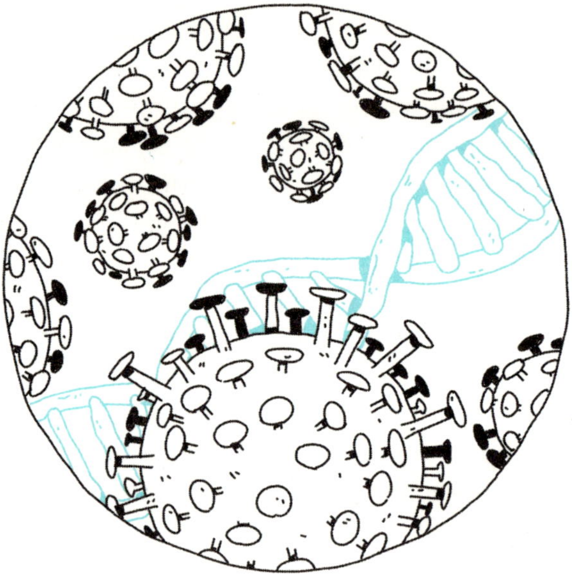

pre-
miers
baisers
avec
Néan-
dertal

En Bulgarie, une grotte a livré des ossements d'*Homo sapiens* ayant été les témoins des premiers croisements entre notre espèce et Néandertal. Une découverte fascinante et édifiante.

On n'avait jamais été si près du premier baiser entre Néandertal et Sapiens. Dans des squelettes d'*Homo sapiens* retrouvés dans une grotte bulgare, des généticiens ont découvert la trace encore fraîche de croisements entre les deux espèces. Si nous avons (presque) tous quelque chose de Néandertal en nous, ces humains de la préhistoire avaient tous des Néandertaliens dans leur famille proche. Une situation unique, riche en informations sur ce moment clé de l'évolution de notre espèce.

La cavité de Bacho Kiro part du canyon d'une rivière. Explorée depuis la fin du XIXe siècle et faisant l'objet de nouvelles fouilles depuis 2015, elle a livré dans ses sédiments anciens une molaire et des fragments d'os. Les paléoanthropologues ont attribué ces restes à des humains ayant vécu il y a 42 000 à 46 000 ans, ce qui en fait les plus anciens Sapiens européens. Surtout, ces vestiges correspondent à une période passionnante de l'histoire humaine : celle où notre espèce sapiens rencontre *Homo neanderthalensis*. Par chance, l'équipe du laboratoire Max-Planck, en Allemagne, a réussi à extraire de l'ADN des ossements. Bien que dégradé, celui-ci a révélé plusieurs résultats fascinants.

Pour commencer, ces premiers Européens ne sont pas les ancêtres des Européens actuels. Leur patrimoine génétique se retrouve dans les populations d'Asie, mais pas dans celles d'Europe. En fait, ils ressemblent génétiquement à des Sapiens anciens du nord de la Chine. Ce résultat implique que les descendants de ce groupe ont ensuite migré vers l'est sans faire souche localement. Il faudra attendre –35 000 ans pour que l'Europe soit fréquentée par des humains amenés à devenir nos ancêtres. En résumé, le continent a connu au moins deux vagues de colonisation, mais seule la seconde s'est installée durablement.

Mais la vraie surprise de l'étude est la proximité de ces humains avec la première lune de miel européenne entre Néandertal et Sapiens. Comment le sait-on ? Parce que l'ADN de ces premiers Sapiens contient des bouts de génome provenant de Néandertal, qui représentent au total environ 3 à 4 % de leur génome. Autrement dit, leurs ancêtres se sont croisés avec Néandertal, et ces croisements étaient récents : les 3 individus de Bacho Kiro de 45 000 ans possédaient des ancêtres néandertaliens 6 à 7 générations plus tôt, soit à peine 200 ans ! Autrement dit, ils avaient tous des Néandertaliens dans leur famille proche.

Quand les chercheurs ont approfondi le sujet, ils ont fait une autre découverte étonnante : cet ADN étranger n'était pas régulièrement distribué dans le génome des squelettes. Au contraire, il se concentrait dans des régions spécifiques.

Pour rappel, aujourd'hui tous les humains ayant des ancêtres hors d'Afrique empruntent 2 % en moyenne de leur ADN à Néandertal. Or ce legs génétique n'est pas réparti de façon égale dans le génome : il existe des zones entières de l'ADN désertées par l'apport néandertalien. Quel sens donner à cette irrégularité ? Pour être ainsi en partie effacé de nos gènes, l'héritage génétique de Néandertal a visiblement subi une forte sélection négative. Que les porteurs de certains gènes venant de notre cousin disparu soient nés ou non avec un lourd handicap, physique ou mental, en tout cas ils ont moins survécu ou se sont moins bien reproduits que d'autres enfants issus de cette union.

Revenons à la grotte de Bacho Kiro. En observant dans l'ADN des individus de Bacho Kiro où se localisait la contribution néandertalienne, les chercheurs ont retrouvé exactement les mêmes régions frappées d'interdit que chez les humains modernes. En résumé ? La sélection avait déjà agi après si peu de générations, elle a été brutale et sans appel. A-t-elle laissé peu de chances de survie aux hybrides Sapiens-Néandertal ? Les a-t-elle rendus infertiles ? Ces enfants étaient-ils ostracisés et mis au ban des clans ? Sur ces questions, la science n'a pour l'instant que des conjectures à offrir. En attendant de trouver des squelettes ou des objets matériels qui témoigneraient de cette étape majeure de notre histoire.

Quoi qu'il en soit, cette étude révèle que les croisements entre Néandertal et Sapiens ont sans doute été beaucoup plus fréquents qu'on ne l'imaginait jusque-là. Peut-être ont-ils été nombreux et l'évolution n'en a-t-elle retenu que certains. Dans un sens, nous sommes bien les enfants de Néandertal, mais des enfants qui ont réussi à passer entre les mailles du filet.

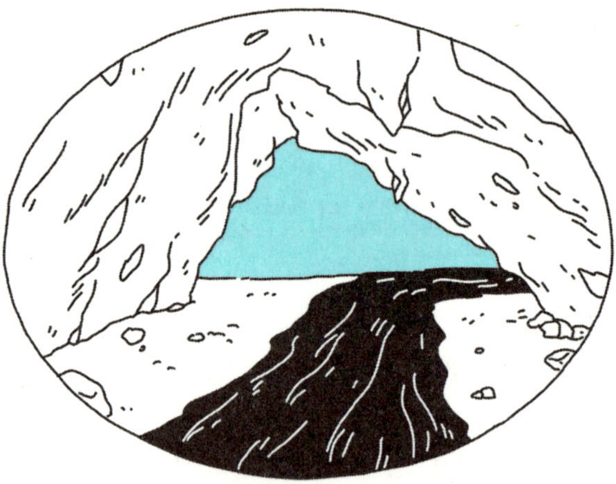

Deni-sova, notre autre cousin disparu

C'est le « Néandertal d'Asie » : l'Homme de Denisova a vécu jusqu'à il y a au moins 30 000 ans en Sibérie et en Asie du Sud-Est. Comme lui, il a mêlé son sang avec Sapiens, lui léguant l'aptitude à vivre en altitude.

« Comment pourrait-on transfuser Néandertal ? » Silvana Condemi, paéloanthropologue à l'université d'Aix-Marseille, raconte que l'idée de son étude a germé autour d'un café, presque comme une plaisanterie. Un brin provocatrice, la question revenait à se demander si notre cousin des âges glaciaires possédait les mêmes groupes sanguins que nous. Pour répondre, Silvana Condemi et des collègues ont alors analysé les génomes les plus complets de Néandertaliens qui étaient à leur disposition. Bilan : Néandertal était vraisemblablement porteur des mêmes trois groupes sanguins A, B et O que nous. Donc, oui, il pourrait être tout à fait possible de transfuser un Néandertal ! L'étude incluait aussi un autre être préhistorique : l'Homme de Denisova. Et d'après l'analyse de son ADN, lui aussi aurait pu arriver sur une civière aux urgences sans craindre de finir exsangue…

Mais qui était cet Homme de Denisova ? Néandertal est souvent présenté comme notre lointain cousin que Sapiens aurait rencontré lors de la sortie d'Afrique il y a 70 000 ans. Mais nous avons un autre parent lui aussi éteint : Denisova. Cet homme préhistorique a été découvert dans la grotte du même nom située dans l'Altaï, en Sibérie, au carrefour des frontières russe, kazakh, chinoise et mongole. Le premier reste exhumé par les fouilles a été une phalange de doigt. À l'intérieur, un peu d'ADN, certes bien abîmé, mais suffisamment pour en apprendre un peu plus sur lui : Denisova s'apparentait à un Néandertal de l'Est, et nous nous sommes croisés avec lui.

Dès lors, une question agitait les préhistoriens : comme tous les humains hors d'Afrique ont de l'ADN de Néandertal en eux, pouvions-nous aussi avoir de l'ADN dénisovien ? Réponse négative, pour des questions de timing. Notre espèce se mélange avec Néandertal au Moyen-Orient au moment de la sortie d'Afrique, ce qui explique aujourd'hui pourquoi nous possédons 2 % de génome néandertalien, hors continent africain. En revanche, notre espèce rencontre Denisova plus à l'est, en Asie, alors qu'elle chemine déjà vers l'Australie et la Papouasie. En conclusion, ce sont les aborigènes d'Australie et les populations de Papouasie ainsi que leurs descendants en Océanie qui ont hérité du génome de Denisova, jusqu'à 6 %, et un peu les peuples d'Asie du Sud. Tandis que cet ADN est quasiment absent chez les populations européennes, restées à l'écart de la route vers l'Est en Asie.

Ce scénario ferait toutefois tiquer n'importe qui possédant des notions de géographie de la région : Denisova ayant été exhumé en Sibérie, comment a-t-il pu se reproduire avec les voyageurs sapiens qui transitaient en Asie du Sud ou en Papouasie, à des milliers de kilomètres de là ? C'est l'une des énigmes que pose Denisova. En voici une autre : les populations tibétaines ont hérité d'un fragment de génome denisovien, et pas n'importe lequel ! Cet ADN contient un gène d'adaptation à l'altitude qui permet à ces peuples de vivre sur un haut plateau, sans craindre les conséquences à long terme d'un air appauvri en oxygène. Comme avec Néandertal, Sapiens aurait donc profité de ses unions charnelles avec Denisova. Seul problème : le plateau du Tibet s'étend à 2 800 km de la grotte de l'Altaï ! Denisova se jouait des distances manifestement.

Sorties en 2021, deux publications ont un peu éclairci les mystères de Denisova. Une équipe réunissant deux laboratoires, un en Allemagne et un en Mongolie, a analysé l'ADN d'un très ancien Sapiens, nommé Salkhit, qui a arpenté le nord-est de la Mongolie il y a 34 000 ans. Les chercheurs y ont mis au jour l'empreinte génétique de Denisova, qui s'est révélée suffisamment importante pour que le mélange entre les deux espèces remonte à 6 000 ans avant. Autrement dit, Denisova était bel et bien présent dans l'est de l'Asie, il y a plus de 40 000 ans.

La seconde étude, due à une équipe sino-germano-américaine, a sondé l'ADN humain mêlé aux sédiments de la grotte de Baishiya Karst, au Tibet. Les chercheurs en ont conclu que Denisova avait occupé les lieux durant deux périodes, il y a 100 000 ans et 65 000 ans, et peut-être même à une date plus récente, il y a 40 000 ans. Ce qui complète une étude plus ancienne qui avait trouvé une mâchoire de 160 000 ans attribuée à Denisova grâce à des analyses de protéines. En somme, Denisova est donc bien resté longtemps au Tibet, où il a eu le temps de s'adapter à l'altitude, avant de se mélanger avec Sapiens et de lui céder cet atout !

Et pour la Papouasie ? Comment le sang de Denisova a-t-il été apporté jusque-là ? En fait, au moins deux groupes de Denisoviens bien différents auraient coexisté. L'un a contribué au génome des Hommes d'Asie continentale, l'autre a influencé les humains partis vers la Papouasie et l'Australie. On ignore tout de ce deuxième groupe, par manque de vestige archéologique. Quoi qu'il soit, il est établi à présent que le territoire de notre autre cousin disparu s'étendait sur une large portion d'Asie. L'empire du Milieu version préhistorique, en somme.

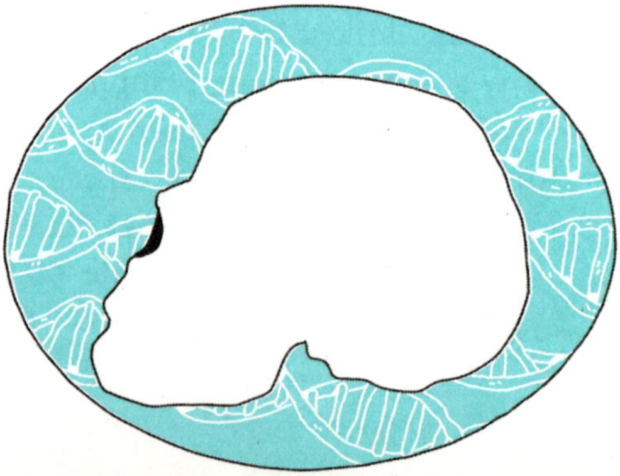

le para-doxe de l'accou-chement

D'où provient le caractère profondément social de Sapiens ? La réponse va vous surprendre : sans doute une modification de l'anatomie féminine due à l'apparition de la bipédie.

Pourquoi Facebook est-elle devenue l'une des entreprises les plus profitables en moins de vingt ans ? Pourquoi les TikTok et autres Snapchat vampirisent-ils les cerveaux des adolescents plusieurs heures par jour ? Parce que l'être humain est un animal éminemment social. Nous papotons, commentons, « likons » à longueur de journée dans toutes nos activités, et pas seulement sur nos smartphones. Comment l'évolution a-t-elle fait de nous cet être obsédé par la communication ? Un scénario se dessine aujourd'hui, qui repose sur un élément étonnant, puisque tout s'expliquerait par le diamètre des hanches des femmes lors de l'accouchement !

Pour comprendre le lien invisible qui relie l'anatomie féminine à nos incessantes causeries, il faut revenir à l'un des tournants de l'évolution humaine : l'apparition de la bipédie. Avantageux, ce mode de locomotion a permis à nos ancêtres de parcourir de longues distances dans la savane pour chasser les animaux les plus endurants. Mais il y a eu un revers de la médaille : la forme de notre bassin a changé, et le canal pelvien des femmes (par où passe le nouveau-né) s'est resserré.

On pense que le phénomène est survenu il y a environ 4 millions d'années. Problème : c'est précisément l'époque où notre cerveau a commencé à prendre la grosse tête. Sa taille a d'abord augmenté à un rythme relativement lent à mesure que nous grandissions, entre 4 et 2 millions d'années. Puis, vers 2 millions d'années, sa vitesse de croissance a devancé celle de notre stature, avec pour effet une complexité accrue des accouchements : comment passer une tête de plus en plus grande dans un conduit étroit ? Les biologistes nomment ce problème le paradoxe obstétrical.

Comment la sélection naturelle a-t-elle réussi à concilier l'accroissement du cerveau avec le blocage du bassin ? En produisant des « produits non finis » : des bébés au cerveau certes immature, mais de suffisamment petite taille pour franchir le canal pelvien. La solution résulte d'un compromis : trop immature, et c'est le nouveau-né qui risquait la mort ; trop mature, un cerveau trop gros, et c'est la mère qui décédait à l'accouchement.

Dans notre espèce, le cerveau du nouveau-né est particulièrement immature – d'ailleurs, il augmente considérablement de volume après la naissance. Alors que chez le chimpanzé la taille du cerveau à la naissance est la moitié de sa taille adulte, chez les humains il est seulement du quart. Lorsqu'il voit le jour, le petit humain est en retard sur le plan sensorimoteur, tandis que le bébé chimpanzé s'agrippe à sa mère dès ses premiers instants. L'enfant qui vient de naître, lui, n'a pas encore de contrôle volontaire des membres. Pour avoir le même niveau de développement qu'un chimpanzé, la gestation devrait être beaucoup plus longue que les neuf mois usuels. Ainsi, une très grande partie du développement du cerveau du petit humain se passe hors du ventre de la mère, après l'accouchement.

Ce développement externe a par la suite radicalement influencé les interactions au sein des groupes. Car le nouveau-né s'est dès lors développé entouré d'individus, de sa famille, de sa communauté. Notre cerveau se façonne dans un milieu riche en interactions sociales avec les autres humains. D'ailleurs, il est câblé pour reconnaître des visages dès la naissance. Nous avons un cerveau social !

En retour, ces interactions sociales auraient sélectionné un encéphale de plus en plus complexe et volumineux. Se serait installé un cercle vertueux où deux forces s'entretenaient mutuellement, l'immaturité amenant le bébé à baigner dans des relations sociales et la complexification du cerveau nécessaire pour s'adapter à ces interactions.

Le résultat ? Une humanité foncièrement communicante, pour qui l'échange semble un besoin vital, au même titre que l'oxygène. Au cours de la crise du Covid, il nous a fallu nous plier à des règles strictes de distanciation sociale pour contenir la propagation du virus. Mais les réticences à appliquer ce protocole ont été légion. Nous n'avons pas fini de payer le prix de la bipédie.

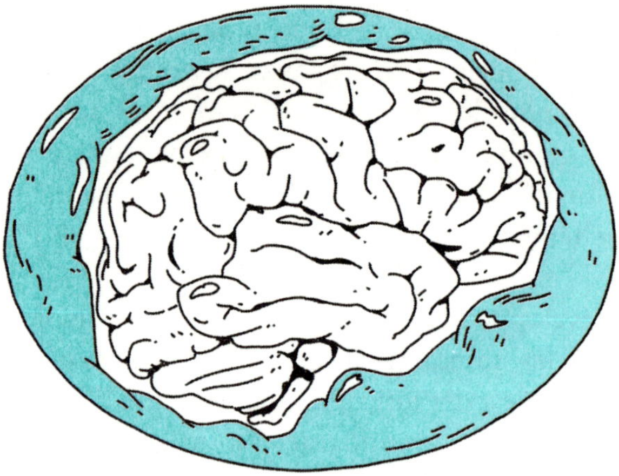

4 000 nuances de peau

Contrairement aux idées reçues – et à certaines représentations au cinéma –, les peuples de chasseurs-cueilleurs européens de la préhistoire avaient la peau foncée. Les Européens sont en réalité « blancs » depuis peu de générations.

Quand elle était enfant, la photographe brésilienne Angélica Dass a entendu son maître d'école lui dire d'utiliser le crayon rose, la *couleur peau*, pour colorer le personnage qu'elle dessinait. Ayant elle-même la peau sombre, héritée d'ancêtres africains, elle s'est sentie embarrassée par son propre croquis qui ne lui ressemblait pas. Plus tard, quand son appareil photo est devenu son stylo, elle s'est lancée dans un vaste projet artistique ayant pour ambition de créer un nuancier des couleurs de la peau humaine. Parcourant 20 pays, elle a rassemblé plus de 4 000 portraits, qu'elle a réunis sur un kaléidoscope géant, véritable manifeste pour la pluralité de notre espèce. Pour Angélica Dass, chacune de ces 4 000 teintes est unique.

D'où vient la couleur de la peau ? Si l'on plaçait les clichés d'Angélica Dass sur une mappemonde, on constaterait que les populations de couleurs de peau foncées sont issues des zones ensoleillées autour des tropiques. À l'inverse, les couleurs de peau claires se retrouvent plutôt dans les latitudes élevées, comme dans le nord de l'Europe. Pourquoi cette répartition ? En fait, la carnation dépend surtout de la quantité de mélanine, un pigment présent dans les cellules de l'épiderme. Plus la peau est riche en mélanine, plus elle est foncée. Véritable crème antisolaire naturelle, ce pigment nous protège des rayonnements ultraviolets, les UVA. Mieux vaut avoir une couleur de peau foncée là où le soleil brille.

À l'inverse, aux latitudes peu ensoleillées, une couleur de peau plus claire est un atout. Pourquoi ? Parce qu'elle laisse davantage pénétrer la lumière jusqu'à la sous-couche de la peau, le derme. Or c'est là qu'est synthétisée, grâce aux UV, la vitamine D, qui joue plusieurs rôles dans l'organisme (voir p. 92). Elle nous aide en particulier à absorber le calcium et le phosphore dans les intestins. Leur absence peut entraîner une maladie du développement osseux, le rachitisme.

Comment est née la diversité de couleur de nos peaux ? Nos ancêtres, comme les grands singes, avaient des poils sur le corps, et donc vraisemblablement une couleur de peau plutôt claire. Ils ont sans doute perdu leur pelage il y a plus d'un million d'années. Cette évolution s'est déroulée en Afrique, dans des zones à fort ensoleillement. L'évolution a alors sélectionné toute une gamme de couleurs de peau foncée. Mais, lorsque nos ancêtres sortent d'Afrique, il y a environ 70 000 ans, et atteignent des latitudes plus élevées en Europe et en Asie, ils n'ont plus besoin de se protéger des rayons du soleil.

Est-ce qu'ils deviennent alors plus clairs sous l'effet de la sélection naturelle ? Oui, mais pas immédiatement. Car les premiers Européens ont une alimentation riche en vitamine D. Puisqu'ils mangent des poissons et de la viande de renne, ils n'ont pas « besoin » d'arborer une peau claire pour faciliter la synthèse de la vitamine D. D'ailleurs, les populations actuelles du Grand Nord, comme les Inuits, sont plutôt mats de peau. Leur organisme assimile la vitamine D qu'il trouve dans les mammifères marins chassés, comme les phoques.

Mais, alors, quand les Européens pâlissent-ils ? Grâce à l'ADN de fossiles, on peut estimer cette date. En effet, on connaît maintenant les mutations qui expliquent en grande partie les différences de couleurs de peau entre les Africains subsahariens et les Européens. Et donc, en étudiant l'ADN de squelettes anciens, il est possible de se faire une idée de leur couleur de peau, de dresser une sorte de portrait-robot. Et là, surprise : les Européens du Paléolithique, ceux qui ont peint les grottes de Lascaux, étaient noirs de peau et avaient les yeux bleus !

Cette pigmentation a duré longtemps. Un chewing-gum en résine de bouleau, mâché par une femme vivant au Danemark il y a seulement 5 700 ans, a capturé son ADN : elle aussi était brune de peau (et avait également des yeux bleus). Arrivés avec un faciès sombre en Europe il y a 40 000 ans, les Européens ont conservé cette apparence au moins jusqu'à il y a environ 6 000 ans !

En fait, il a fallu attendre l'arrivée des agriculteurs du Moyen-Orient pour que la peau des chasseurs-cueilleurs européens s'éclaircisse. Tout d'abord parce que ces migrants étaient eux-mêmes plus clairs de peau, mais surtout parce que l'alimentation de toutes les populations humaines en Europe change alors. La nourriture se compose dorénavant essentiellement de céréales, un aliment pauvre en vitamine D. Dès lors, la sélection pour une couleur de peau plus claire est lancée. « Nous sommes ce que nous mangeons », clament régulièrement de façon tapageuse les ouvrages de diététique. Il y a 5 000 ans, pour une fois, cela a été le cas.

Et que sait-on de la couleur de peau de Néandertal et de Denisova ? Dresser un portrait-robot de ces deux anciens humains est beaucoup plus problématique. Pour les humains, d'il y a quelques milliers d'années, il est raisonnable de supposer que ce sont les mêmes variations dans le génome qui influent sur la couleur de peau, comparativement à celles des populations actuelles. Partant de leur ADN, on peut se risquer à décrire s'ils étaient plutôt clairs ou foncés. En revanche, pour Denisova et

Néandertal, le pas de temps est trop grand. La couleur de peau dépend de plusieurs variations dans plusieurs gènes, de sorte que prédire leur apparence à partir de l'ADN est bien trop hasardeux !

l'ex-
tinction
de
Néan-
dertal

Qu'est-ce qui a causé l'extinction de Néandertal, il y a 35 000 ans ? La génétique apporte des éléments de réponse. Elle révèle que le déclin de l'espèce avait en réalité débuté bien longtemps avant.

C'est un abri-sous-roche comme la Dordogne en compte des centaines. Une simple cavité à flanc d'une falaise calcaire, brûlée par le soleil chaque été. Sur la route départementale qui passe devant, aucune pancarte n'indique que le lieu-dit de La Ferrassie cache un site archéologique d'intérêt mondial. Au pied de la roche, il y a 41 000 ans, des Néandertaliens ont enterré leurs morts. Des analyses récentes ont en effet révélé que l'enfant de deux ans, dont on avait jadis retrouvé le squelette parmi les sédiments a été mis en terre intentionnellement. Il s'agit de la première sépulture néandertalienne connue avec certitude !

Néandertal possédait donc une pensée symbolique envers la mort. Il y a 40 millénaires, alors que son règne en

Europe était sur le point de s'achever, avait-il conscience de sa propre extinction ? Néandertal, notre proche cousin, s'éteint il y a environ 35 000 ans. Présent en Eurasie, de l'Europe à la Mongolie, il avait vécu pendant plusieurs centaines de millénaires et traversé plusieurs périodes glaciaires, et autant de périodes chaudes. Il savait s'habiller et maîtrisait le feu. Alors, pourquoi cet homme intelligent, bien adapté à son environnement, a-t-il disparu ? Mystère. Mais la génétique nous donne aujourd'hui des éléments de réponse.

Plusieurs hypothèses ont été émises pour expliquer pourquoi Néandertal avait été rayé de la carte. Pour certains, il aurait été l'objet d'un génocide de la part des *Homo sapiens* nouvellement arrivés en Europe ; pour d'autres, il aurait été terrassé par les maladies. Faute de preuves irréfutables, aucun de ces deux scénarios n'a été retenu. Or, il y a peu, des techniques inédites ont permis d'extraire le génome de Néandertal des restes fossiles. Que nous enseignent ces nouvelles analyses ? Que les derniers Néandertaliens possédaient une diversité génétique plus faible que celle de Sapiens. Mais, surtout, que des mutations délétères s'étaient accumulées dans son génome.

Comment expliquer cette concentration de mutations dans son ADN ? Par la démographie. Aujourd'hui, nous savons reconstituer à partir des génomes la démographie d'une population ou d'une espèce. Le principe est de calculer pour chaque portion du génome la date de son ancêtre commun. Si, à un moment donné, la population est plus restreinte, alors les individus partagent nécessairement plus d'ancêtres communs. Par exemple, dans un village, deux habitants auront plus facilement le même aïeul que dans une ville. En combinant toutes ces dates d'ancêtres, on parvient à identifier des changements démographiques ayant touché des populations dans le passé.

Que révèle cette approche sur Néandertal ? Qu'il connaissait déjà une décroissance démographique depuis plusieurs dizaines de milliers d'années avant son extinction. En fait, ce déclin a commencé bien avant l'arrivée de notre espèce sur son territoire. Avec quelles conséquences ? La faiblesse de la taille des populations l'aurait amené à accumuler davantage de mutations délétères. Des mutations qui l'auraient rendu moins apte à s'adapter aux changements de son environnement et auraient précipité *in fine* sa disparition.

Venu d'Afrique, Sapiens débarque en Europe il y a un peu plus de 40 000 ans. L'espèce humaine n'est pas donc responsable de l'extinction de son cousin du froid, n'a pas provoqué de génocide, comme cela avait été proposé. Il n'empêche : notre arrivée a peut-être accéléré sa fin, notamment en limitant les échanges génétiques entre les groupes de Néandertaliens par le seul fait de notre présence sur le territoire.

Si Néandertal s'est éteint, son génome se retrouve en partie dispersé dans notre espèce. Sapiens s'est en effet croisé avec Néandertal au Moyen-Orient et en Europe en sortant d'Afrique. Ainsi, tous les humains actuels qui ont des ancêtres hors d'Afrique ont récupéré environ 2 % de génome venant de Néandertal. En mettant bout à bout tous ces bouts de génome, c'est presque la moitié du génome de notre cousin que l'on retrouve éparpillé dans l'ADN des humains actuels ! Néandertal, du moins son ADN, survit en grande partie en nous.

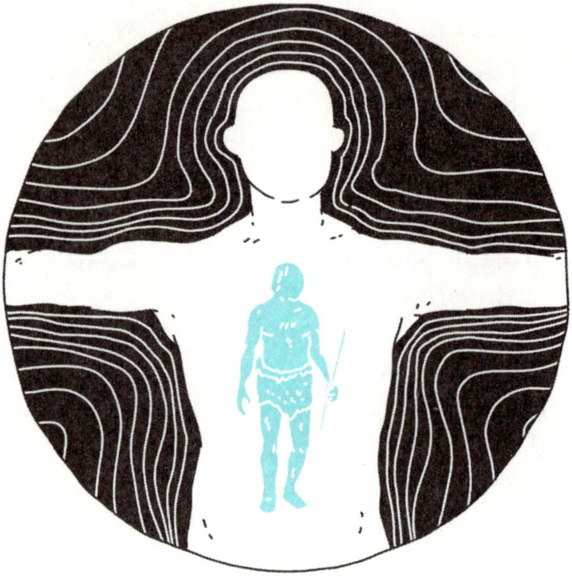

mères à vie

Les humains possèdent un fonctionnement familial unique parmi les primates. Nous avons beaucoup d'enfants et leur tenons la main longtemps. Surtout, les grands-mères s'occupent de leurs petits-enfants ! Un vrai mystère évolutif.

Dans les années 1970, la sociobiologie offrait une vision totalitariste de la génétique. S'aventurant sur le terrain glissant qui mêle l'étude ethnographique et l'évolution, la discipline prétendait que tous les comportements humains s'expliquaient *in fine* par le désir impérieux des créatures d'offrir une descendance à leurs gènes. Par exemple, dans les forêts humides d'Afrique centrale, chez les gorilles, le mâle dominant se reproduit mieux, et ce statut de dominant est gagné par la violence. Partant de cette observation, la sociobiologie en conclut que la sélection naturelle favoriserait la violence et que ces comportements seraient naturels, dictés par les gènes. Par ce type de raisonnement, la sociobiologie a tenté d'expliquer nombre de comportements de domination dans les groupes sociaux, humains ou animaux, avec le risque évident de les légitimer.

Si cette approche a été largement décriée et assimilée à une méconnaissance des sciences humaines, il existe des faits sociaux où l'éclairage évolutif conserve sa pertinence. Le fonctionnement de la cellule familiale en fait partie. Nous, humains, nous distinguons des autres primates sur les intervalles entre les naissances et l'âge au dernier enfant. Chez nous, les naissances sont rapprochées (elles peuvent l'être en tout cas), et les enfants restent longtemps dans le giron des parents – au moins jusqu'à 15 ans, voire au-delà de la vingtaine – avant de devenir autonomes.

C'est très différent chez les chimpanzés ou les gorilles. Eux ne mettent bas que tous les 4 à 5 ans et attendent que leur progéniture soit devenue quasi indépendante, qu'elle sache se nourrir seule, pour avoir un nouveau bébé. En résumé, nous mettons au monde beaucoup d'enfants, dont nous nous occupons longtemps et tous en même temps.

Comment expliquer notre spécificité ? Par l'entraide pour les soins et l'éducation que nous prodiguons aux jeunes. Un enfant n'est jamais élevé uniquement par sa mère, de sorte que sa survie ne dépend pas exclusivement d'elle. D'autres adultes y participent : les membres de sa famille, le père, les frères et sœurs, les oncles et tantes, mais aussi des personnes du groupe dans lequel il vit. Cette grande variation culturelle dans la manière de « faire famille » est d'ailleurs une des singularités de notre espèce. Grâce à cette entraide, si malheureusement un petit humain perd sa mère, il survivra grâce à autrui. Chez nos proches cousins les gorilles ou les chimpanzés, le décès d'une mère signera la mort de son petit, en général.

Ces soins prodigués au-delà de la mère ont certainement offert une souplesse à la composition de la cellule familiale humaine. Mais les différences ne s'arrêtent pas aux enfants ! Elles concernent aussi l'âge de mort des femmes. Nous sommes quasiment la seule espèce où celles-ci survivent au-delà de la période de reproduction, après la ménopause. C'est une énigme du point de vue de l'évolution, qui optimise en permanence la transmission des gènes : pourquoi continuer à faire vivre des êtres qui ne lèguent plus leur ADN ? Pourquoi cette longévité exceptionnelle des mères ?

La théorie majoritaire veut que les femmes vivent plus longtemps pour s'occuper de leurs enfants et petits-enfants. Cette idée fait tenir un rôle prédominant aux grands-mères dans l'éducation et l'accompagnement des jeunes générations. Ces dernières aident à la survie de leurs petits-enfants ! Elles les gardent, leur transmettent des connaissances, de la nourriture. Ainsi, dans notre évolution, les femmes qui ont survécu après la ménopause ont mieux transmis leurs gènes *via* la survie de leurs enfants et de leurs petits-enfants. Leurs gènes qui assuraient une plus longue survie se sont donc répandus au fil des générations, et c'est devenu une des caractéristiques de notre espèce. Bref, fêtons nos grands-mères !

deux huma-
nités
dans la
jungle

Il y a 50 000 ans, deux espèces humaines aujourd'hui disparues vivaient en Asie du Sud-Est. Les généticiens se demandent si elles n'auraient pas laissé de traces chez les Indonésiens et les Philippins actuels.

La forêt tropicale indonésienne est une terre à part pour les grands singes. Dans les frondaisons de ses hauts arbres vivent les trois espèces d'orangs-outans connues. L'une s'est établie exclusivement sur l'île de Bornéo, tandis que les deux autres peuplent Sumatra. En dehors de l'Afrique, c'est le seul endroit du globe où l'on rencontre des grands singes non humains, un isolement qui a conféré aux orangs-outans des caractéristiques uniques : ils mènent une vie solitaire et quasi exclusivement arboricole. Aucun autre grand singe ne se comporte ainsi.

Il existe un autre grand primate pour lequel l'Indonésie est un monde hors du commun : l'humain. Notre évolution a en effet connu une sorte d'efflorescence dans l'Indonésie et toute la région. Il y a 50 000 ans vivait en Indonésie une autre espèce humaine : *Homo floresiensis*, l'Homme de Florès, que les préhistoriens ont surnommé « hobbit » du fait de sa petite taille. Et à la même époque une autre créature, *Homo luzonensis*, l'Homme de Luzon, s'était installée non loin, aux Philippines. L'Asie du Sud-Est est une région fascinante pour comprendre l'évolution de notre espèce et mieux cerner les anciennes espèces du buisson humain.

À partir de quelle branche de notre arbre généalogique l'Homme de Luzon et celui de Florès ont-ils évolué ? Comment sont-ils reliés à la lignée qui a débouché sur l'Homme moderne, *Homo sapiens* ? Nous n'avons pas de réponse définitive à ces questions. Une des hypothèses des paléoanthropologues postule que ces espèces éteintes descendraient des toutes premières sorties d'Afrique, celles des *Homo erectus*, il y a presque 2 millions d'années. Ce scénario s'appuie sur les ossements d'Erectus découverts notamment sur l'île de Java, en Indonésie. Une fois parvenus en Asie dans la région, ces Erectus auraient ensuite évolué sur place.

Luzon et Florès ont-elles laissé des descendants après leur extinction ? Les généticiens ont cherché dans l'ADN des populations actuelles des traces encore prégnantes de ces espèces archaïques. L'idée est d'identifier des gènes atypiques par rapport au reste de la population mondiale et qui auraient donc subi une influence extérieure. Pour mémoire, notre espèce émerge en Afrique il y a 200 000 à

300 000 ans, et les premiers Sapiens parviennent dans ces contrées il y a 60 000 ans. Les ancêtres des Hommes de Luzon et de Florès ayant quitté l'Afrique il y a quelque 2 millions d'années, ils ont largement eu le temps d'évoluer avant que n'arrive Sapiens. Le génome des Asiatiques du Sud-Est devrait refléter ce passage du temps, s'il y a eu croisement entre les populations.

Avec cet objectif en tête, une équipe menée par un laboratoire australien de l'université d'Adélaïde a fouillé le génome de 200 personnes de cette région. Le résultat ? Aucune trace de mélange avec des espèces aussi différentes ! En revanche, les scientifiques ont identifié l'empreinte génétique de deux autres espèces archaïques mais beaucoup plus récentes : Néandertal et Denisova. L'apport de Néandertal est un résultat déjà bien connu : lorsque les premiers Sapiens à sortir d'Afrique arrivent au Moyen-Orient, ils se croisent avec les Hommes de Néandertal qui sont installés en Eurasie depuis quelques centaines de milliers d'années. D'ailleurs, l'ADN de tous les humains hors d'Afrique est teinté de 2 % de Néandertal.

Denisova, lui, est ce cousin de l'Est de Néandertal. On en trouve des traces dans le génome des aborigènes d'Australie, des habitants de la Papouasie, des îles de l'Océanie ainsi qu'en Indonésie et aux Philippines. Or, là, le mystère s'épaissit ! Car, si l'étude australienne affirme que du sang de Denisova coule dans les veines des populations d'Océanie, aucun squelette de l'espèce n'a été exhumé dans la région. Ceux-ci n'ont été trouvés qu'en Sibérie ou au

Tibet. Bref, très loin de l'Indonésie et des Philippines. Il ne serait pas surprenant que l'on en découvre bientôt dans ces régions – ainsi cette dent récemment découverte au Laos, qui serait denisovienne.

Quel est le legs génétique de Denisova aux Asiatiques ? En 2021, une équipe parisienne a montré que les croisements entre Sapiens et Denisova avaient été multiples et qu'ils auraient conféré aux Sapiens locaux une meilleure réponse immunitaire. Comment le sait-on ? On constate dans le génome une sélection naturelle forte sur les gènes connus pour être impliqués dans l'immunité et qui proviennent du croisement avec Denisova. C'est le signe indéniable qu'ils ont conféré à ceux qui les portaient dans le passé un avantage face à des pathogènes, sans que l'on sache à quels pathogènes précisément étaient confrontés ces ancêtres… Cerise sur le gâteau, l'étude a prouvé que Denisova aurait survécu beaucoup plus longtemps qu'on ne le pensait : jusqu'à il y a 25 000 ans ! Décidément, on se bousculait, à cette époque, en Asie du Sud-Est.

la solitude de Sapiens

Nous sommes aujourd'hui les seuls représentants du genre *Homo*. Jusqu'à peu pourtant, cinq espèces humaines se partageaient la planète simultanément.

Dans les profondeurs de la jungle birmane, un petit primate joue à un-deux-trois soleil avec les visiteurs. Son naturel craintif le pousse en effet à se statufier dès qu'on l'observe. La face noire, les yeux entourés de curieux anneaux blancs, le langur de Popa vit sur les flancs d'un volcan éteint, une région sacrée pour les habitants de la région. Il n'a été découvert qu'en 2020, d'abord grâce aux traces ADN de ses excréments. Il symbolise l'extraordinaire diversité du vivant – on estime à 8,7 millions le nombre d'espèces vivantes –, même si cette richesse s'érode de nos jours. Nous connaissons un million d'espèces chez les insectes, dont environ 170 000 espèces de papillons, et à peu près 500 espèces de primates.

Malgré ce foisonnement, nous sommes en revanche la seule l'espèce humaine sur la planète. Cette solitude n'a pas toujours été de mise. Il y a 60 000 ans, nous étions au moins cinq espèces à cohabiter. Qui étaient ces cousins disparus ? Le plus connu par les scientifiques est Néandertal. Nos deux lignées se sont séparées il y a environ 700 000 ans. À cette époque, les ancêtres des Néandertaliens sortent d'Afrique, comme tous les premiers représentants des humains. Une trace de ce passage se lit notamment sur le site d'Atapuerca, en Espagne. Un humain ayant vécu il y a 430 000 ans a été identifié par son ADN comme un aïeul potentiel de Néandertal.

Du point de vue anatomique, toutefois, il n'en possède pas encore tous les traits. Les squelettes classés véritablement comme néandertaliens se retrouvent sur des sites datés entre 120 000 et 35 000 ans dans toute l'Eurasie, de l'Espagne à la Sibérie, en passant par le Moyen-Orient. Un Néandertal se distingue bien d'un Sapiens : il a le crâne allongé en forme de ballon de rugby, alors que le nôtre est arrondi, en forme de ballon de foot. Il possède aussi un gros bourrelet au-dessus des yeux et, surtout, signe distinctif majeur, il n'a pas de menton (Sapiens est le seul représentant du genre *Homo* à en arborer un). Nourrissant une vaste littérature scientifique, la branche Néandertal recouvre une trentaine de squelettes et des milliers d'os ou fragments d'os isolés. On sait de lui qu'il enterrait ses morts, qu'il portait des bijoux et chassait en groupe. La question non résolue de sa disparition fascine encore.

Le deuxième de nos proches cousins est Denisova, au cœur de nombreuses interrogations, tant ses restes se comptent sur les doigts d'une main. Littéralement : l'espèce a été identifiée par l'ADN extrait d'un bout de phalange, découvert dans une grotte de Sibérie. Il vivait en Asie, de l'Himalaya à la Mongolie, et on pense qu'il était répandu jusqu'au sud de l'Asie, car les Hommes modernes se sont croisés avec lui le long des tropiques en allant coloniser l'Australie. Proche génétiquement de Néandertal, Denisova lui était contemporain. Quand s'est-il éteint ? Nous l'ignorons.

Existait-il alors d'autres espèces d'humains ? Oui. Au même moment en Indonésie, sur l'île de Florès, vivait *Homo floresiensis,* surnommé le « hobbit de la préhistoire » à cause de sa petite taille, comprise entre 1 m et 1,10 m ! La preuve de son existence tient en une centaine d'os appartenant à une quinzaine d'individus. L'un des squelettes est pratiquement complet – malheureusement, il a été impossible d'en extraire de l'ADN.

Les analyses morphologiques situent l'Homme de Florès sur une branche plus divergente que le duo Néandertal-Denisova, ce qui laisse penser que ses aïeuls sont sortis précocement d'Afrique. Pourquoi une stature réduite ? En raison de son isolement sur l'île. Les animaux échoués sur un territoire reculé sont libérés de la pression de leurs prédateurs habituels et voient leur évolution bouleversée. Le phénomène produit soit des géants, comme les dragons de Komodo en Indonésie (d'impressionnants lézards de

2 à 3 m de long), soit, à l'inverse, des formes naines comme les hippopotames pygmées ayant vécu dans les îles méditerranéennes jusqu'il y a 10 000 ans ou encore le stégodon, l'éléphant nain de Sicile.

Tout récemment, en 2020, un nouvel humain a rejoint le club fermé du genre *Homo*. Il a été exhumé sur l'île de Luçon, au nord des Philippines. Le matériel archéologique se résume à quelques dents et des os des pieds et des mains. Ces vestiges ont permis toutefois de le classer comme une nouvelle espèce. D'après ses dents, il serait aussi de petite taille, moins de 1,20 m, mais on ne peut pas encore l'affirmer, il faudrait trouver de nouveaux restes osseux. L'étendue des compétences maritimes de ces deux peuples fait débat, les îles où vivaient les Hommes de Luçon et de Florès n'ayant jamais été accessibles à pied. Savaient-ils naviguer, ont-ils dérivé sur des radeaux de fortune ? Difficile à établir.

Finalement, au regard de ces cousinages éteints, l'espèce humaine se distingue-t-elle vraiment du reste du vivant ? L'évolution de notre lignée a toujours été buissonnante, avec plusieurs espèces contemporaines. Certaines d'entre elles se sont éteintes, d'autres se sont muées en nouvelles variétés. Depuis l'extinction de notre dernier cousin, il y a 30 000 ans, nous vivons aujourd'hui une exception dans l'évolution humaine, un long moment de solitude.

Pourquoi ces autres humanités ont disparu reste une grande question. Dans le cas de Néandertal et de Denisova, on sait que notre espèce les a rencontrées, que nous

nous sommes croisés avec elles. Ces deux espèces étaient, d'après leur ADN, en décroissance démographique avant leur rencontre avec Sapiens. Vivant dans des écosystèmes similaires, elles ont été supplantées par nos ancêtres, qui ont eu un meilleur succès démographique. Pour ce qui est de Florès et de l'Homme de Luzon, rien ne nous dit qu'elles aient rencontré Sapiens. Il n'est pas inutile de rappeler que le lot de toute espèce est soit de s'éteindre, soit d'évoluer vers une nouvelle espèce. Aucune espèce ne perdure à l'infini !

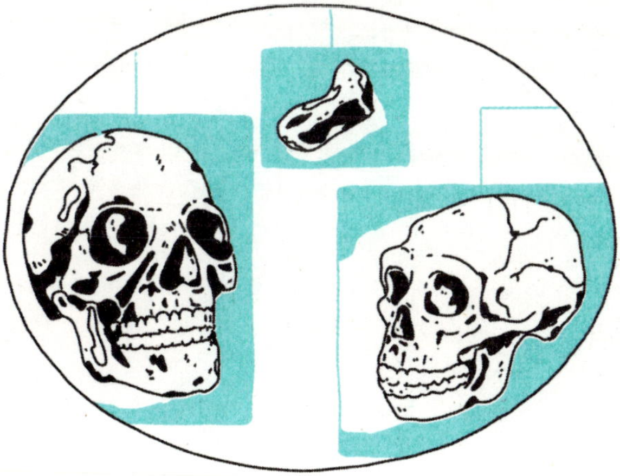

les femmes dans la pré-histoire

Les préhistoriens ont souvent relégué la femme à des rôles domestiques, attribuant les bons rôles aux hommes, artistiques et guerriers. Heureusement, des chercheuses déconstruisent ces clichés et nous livrent une autre vision des genres, au temps des mammouths et des premiers agriculteurs.

Petit jeu : fermez les yeux et imaginez la grotte de Lascaux à l'époque où se dessinaient les bisons. Que visualisez-vous ? Des hommes peignant les peintures rupestres, je parierais. Pourtant, rien n'indique que ces artistes aient été masculins. Et si je vous demande de vous représenter un chasseur-cueilleur des âges glaciaires, celui qui s'imprime dans votre esprit porte la barbe, pas vrai ? Inutile de le nier : notre vision de la préhistoire est au minimum teintée, voire davantage, d'un soupçon de machisme. Mais que sait-on exactement sur la place de la femme dans la préhistoire ?

Plusieurs auteurs ou plutôt autrices ont travaillé sur la représentation de la femme préhistorique, telles Claudine Cohen et Marylène Patou-Mathis. Ces chercheuses ont clairement montré comment la place accordée aux femmes préhistoriques a été conditionnée par la société patriarcale des XIXe et XXe siècles. Produits de leur époque, les préhistoriens (tous des hommes) ont fait de la femme préhistorique une créature fragile gardant les enfants autour du feu dans la grotte, tandis que le mâle puissant et héroïque partait chasser le mammouth et revenait auréolé de gloire partager son butin. Toutefois, plusieurs découvertes ont ébranlé ces stéréotypes de genre.

En premier lieu, dans les grottes ornées de mains en peinture inversée, quand on a commencé à mesurer précisément l'éventail des tailles des dessins, on s'est rendu compte qu'il existait de nombreuses empreintes plus petites. Ainsi, la possibilité que des femmes soient aussi allées peindre dans ces grottes ne saurait être exclue ! Le rôle du sexe dit faible a également été revu récemment par la génétique. Avec l'ADN, il a été possible de sexer, c'est-à-dire d'identifier le sexe, de squelettes dans des tombes où les os du bassin (un bassin solide est le critère classique pour conclure à une femme) avaient été mal préservés.

C'est ainsi que, plusieurs années après leur découverte, divers vestiges ont refait parler d'eux, comme cet homme de Menton datant du Paléolithique, devenu… la dame du Cavillon ! Dans l'histoire plus récente, un prince guerrier viking était en fait une femme. Celle-ci était costaude et maniait certainement les armes. Autre endroit du monde, autre époque : en 2021, des chercheurs ont montré qu'il y a 8 000 ans, dans les Amériques, les prétendus chasseurs étaient en réalité pour partie des femmes, à hauteur de 30 à 40 % des individus.

L'analyse des mœurs anciennes a également contribué à fissurer les idées préconçues sur les femmes de la préhistoire. Grâce aux données génétiques de plusieurs individus ayant vécu dans un même village, conjuguées à des résultats issus de l'analyse isotopique, les chercheurs tentent de reconstruire les structures sociales passées, pour répondre en particulier à la question : quand a commencé l'exogamie de nos aïeules, soit le fait qu'elles partent vivre dans le village de leur époux ? Cette patrilocalité a commencé visiblement au Néolithique et s'est intensifiée à l'âge du Bronze, il y a 5 000 ans. Un des plus beaux sites étudiés se situe dans la vallée de Lech, dans le sud de l'Allemagne. D'après leur ADN, les hommes des tombes riches sont nés sur place et apparentés entre eux par la voie paternelle, tandis que les femmes sont venues de l'extérieur.

Faut-il y voir le début d'une inégalité de genre ? Pas nécessairement, les tombes des femmes recelant autant de trésors que celles des hommes. Sous l'hypothèse que la richesse d'une tombe reflète le statut d'une personne, rien ne relierait donc la patrilocalité à une inégalité de genre. D'ailleurs, en symétrique, chez les populations actuelles matrilocales où les femmes restent et les hommes bougent, la sédentarité des femmes ne leur accorde aucun statut privilégié. Bref, s'il est bien établi qu'il existait des comportements genrés, le lien avec les inégalités de sexe n'est pas aussi évident qu'il n'y paraît !

Cette relecture des temps anciens, moins biaisée en faveur des hommes, ne doit pas tomber dans l'extrême inverse et rêver d'un autrefois où les femmes étaient toutes en position de pouvoir. Bref, il s'agit d'éviter le travers fréquent qui consiste à projeter nos fantasmes dans le passé et de mener l'analyse la plus scientifique possible !

les humains, des singes qui coo-pèrent

Les êtres humains collaborent dans un même objectif comme aucune autre espèce sur Terre. Comment cette qualité a-t-elle pu apparaître au cours de l'évolution et s'accorder avec nos penchants égoïstes ?

Au fin fond de la Sibérie, notre Waz, minibus russe, se retrouve coincé dans une rivière impétueuse. Nous nous en extrayons de justesse avant la noyade et trouvons refuge sur un îlot. Alors que nous venons d'allumer un feu pour tenter de nous réchauffer après ces longues minutes passées dans l'eau glacée, surgit de nulle part un groupe de nomades à cheval avec du thé au lait chaud. Voyant la situation, l'un d'entre eux part d'urgence au village le plus proche, à quelques heures de cheval. Il en revient en fin de journée avec tout une troupe de villageois munie d'un tracteur, qui nous ramène bientôt à l'abri et au chaud. Pourquoi nous ont-ils aidés ? Aucun pourboire ne récompensait leur geste. Qu'est-ce qui les a poussés à agir de la sorte ?

En pleine journée, dans un des villages de ceux que l'on nomme en Europe les Pygmées, nous étions installés pour mesurer les capacités auditives des Baka, connus pour être de grands musiciens. Un personnage du village voisin d'agriculteurs nous harcelait continuellement, quémandant systématiquement quelque argent. Alors qu'il devenait agressif, visiblement sous l'emprise de la drogue, tout le groupe des Baka s'est mis à le huer crescendo et ce sans concertation visible, dans une sorte de mélopée de plus en plus sonore et insistante qui fit fuir notre agresseur !

Les tombereaux de mauvaises nouvelles qui agitent l'actualité, reflets souvent d'actes égoïstes ou violents, nous le feraient presque oublier : nous sommes une espèce étonnamment encline à la coopération, comme ces deux exemples personnels l'illustrent. S'il est fréquent d'observer deux animaux s'entraider dans un objectif commun – atteindre une nourriture cachée par un expérimentateur –, les humains se distinguent des autres espèces par les gigantesques réseaux de coopération qu'ils mettent en place.

L'administration des impôts, la vaccination et l'éducation sont des exemples d'œuvres collectives humaines, à leur manière. Et ce rôle de l'entraide dans nos mœurs ne date pas d'hier : des sites archéologiques renferment de grandes quantités de restes d'animaux qui ont été chassés en groupe, puis découpés par plusieurs centaines d'individus travaillant ensemble au débitage des carcasses.

Ce type d'action collective fait l'objet d'études depuis des décennies. Pourquoi ? Parce que l'altruisme dont témoigne l'espèce humaine gêne aux entournures la théorie de l'évolution. La sélection naturelle n'énonce-t-elle pas que « seul le plus fort survivra » ? Or cette « loi de la jungle » encourage les comportements égoïstes immédiats, certainement pas la collecte d'impôts ou l'enseignement à des enfants qui ne sont pas les vôtres. En économie aussi, on a longtemps considéré que les êtres humains se résumaient à des agents motivés par le seul appât du gain, en tout cas qu'ils ne servaient que leur propre intérêt. Ces deux visions extrêmes de la psychologie contredisaient les observations d'actes désintéressés. Darwin lui-même avait remarqué que nous faisons preuve d'une « sympathie instinctive » envers nos congénères.

Comment la science est-elle parvenue à résoudre ce paradoxe ? D'abord avec la notion de sélection de parentèle. Le principe de l'évolution est qu'un comportement est sélectionné si celui qui le réalise transmet mieux ses gènes. Dans la sélection de parentèle, on tient compte aussi des gènes que vous transmettez *via* les individus qui vous sont apparentés. Comme ceux-ci possèdent un ADN très semblable au vôtre, les aider, même à votre dépens, peut être avantageux pour vos gènes. De fait, si vous vous sacrifiez pour rendre service à des frères, des sœurs ou des cousins, vous prêchez aussi pour votre paroisse, si je puis dire – enfin, pour votre ADN. Ce type de raisonnement explique comment la coopération a pu apparaître dans l'histoire de la vie sur Terre. Ainsi est née la coopération chez les insectes sociaux, comme les fourmis.

Mais ce n'est qu'un niveau d'explication. En effet, notre altruisme nous pousse aussi à collaborer avec de parfaits inconnus. D'autres mécanismes entrent alors vraisemblablement en jeu. Dans les petits groupes humains, on fonctionnerait par réciprocité : « Je t'aide un jour car peut-être, plus tard, tu m'aideras. » Ou par réputation : « Plus je coopère, plus j'ai une bonne réputation et plus les autres membres du groupe seront disposés à m'aider à leur tour. »

Ce système de donnant-donnant fonctionne dans les très grands groupes à une condition : le contrôle des tricheurs ! Le problème vient du fait que, dans une société de la coopération, l'individu qui se cache, le fuyard, gagne sur tous les tableaux : il ne se met pas en danger et tire avantage de l'aide des autres. Et il est raisonnable de penser que son attitude profiteuse sera imitée et qu'à terme, elle se généralisera. Une seule solution : en même temps que la coopération se développe, des mécanismes doivent empêcher la triche. Ainsi sont nés l'ostracisme, l'exclusion du groupe puis les institutions comme la police et la justice. Pour se prémunir des comportements égoïstes, la sélection naturelle nous a par ailleurs dotés d'une formidable sensibilité à l'équité, à l'injustice, bref à la détection des tricheurs !

Ces trois facteurs (réciprocité, réputation et régulation des abus) ont été les piliers sur lesquels s'est fondée notre vie en société. Sans eux, jamais nous n'aurions pu vivre dans les premières cités, à Babylone ou à Ur, en Mésopotamie. Nous n'aurions jamais conquis la planète. Nous serions restés des clans de primates perdus dans l'immensité de la savane africaine. L'invention de la coopération nous a été aussi utile que l'agriculture ou le ciment !

la conquête de la Terre

la colonisation de l'Amérique et ses énigmes

L'Amérique a été colonisée à partir de l'est de l'Asie, indiquaient les preuves archéologiques. Si la génétique a confirmé ce scénario, elle l'a aussi nimbé de mystère. Et si d'audacieux navigateurs venus de Polynésie avaient contribué au peuplement du continent ?

Il y a plusieurs années, j'étais en mission dans le sud de la Sibérie, dans la région montagneuse de l'Altaï. Pour convaincre les villageois d'accepter l'échantillonnage de leur sang à des fins d'analyse génétique, il nous fallait l'appui des autorités locales. Nerveuse, je suis allée voir le chef de la localité, dans son bureau à l'austérité toute soviétique. « Le genre d'étude que je mène a prouvé que les Sibériens ont colonisé l'Amérique », lui ai-je expliqué. Cette seule phrase a fait de lui un allié. Vous pouvez aisément imaginer la fierté de cet officiel russe en apprenant que ses ancêtres avaient les premiers mis le pied sur le continent américain !

Les yeux bridés et la peau mate, le chef avait sans doute lui-même observé la ressemblance physique qui unit les peuples indigènes d'une rive à l'autre, au nord du Pacifique. Nous avons tous appris que l'Amérique a été colonisée par des hommes arrivés en cheminant par le détroit de Béring, qui était asséché lors de la dernière période glaciaire. Ce continent a été le dernier à être peuplé par notre espèce, après la sortie d'Afrique il y a environ 70 000 ans. Sa conquête a suivi celles de l'Australie, de l'Europe et de l'Asie, entreprises il y a entre 50 000 et 40 000 ans. Un scénario global, documenté d'abord par des preuves archéologiques, avant que la génétique ne le confirme et ne livre son lot de nouvelles questions.

L'ADN a notamment révélé un élément troublant : quasiment tous les Amérindiens (ceux du Grand Nord exceptés) sont issus des migrants descendus du détroit de Béring. Y compris les populations de la Terre de Feu, cette île géante située à l'extrémité de la pointe de l'Amérique du Sud, réputée pour sa pêche sportive et pour héberger la ville la plus australe, Ushuaïa. Du point de vue historique, pourtant, les habitants de la région tranchaient physiquement avec leurs cousins d'Amérique centrale ou d'Amérique du Nord. Des représentations dues aux premiers Européens arrivés là-bas montrent des individus costauds, aussi résistants au froid qu'un ours polaire en apparence – ils bravaient la température moyenne de 5 °C avec de minces peaux de bêtes jetées sur leurs épaules, et pêchaient en apnée dans l'eau glacée !

Un portrait si atypique qu'avant l'ère de l'ADN, on pensait ces hommes nécessairement issus d'une autre vague de peuplement que les autres « Américains ». Leur apparence et leur singulière résistance au froid résultent donc d'adaptations récentes à leur environnement, une preuve que l'évolution va parfois vite ! Autre élément qui a décontenancé les généticiens : la date de la colonisation originelle des Amériques, située quelque part entre – 15 000 et – 20 000 ans. Cette chronologie pose problème, car certains sites archéologiques sont bien plus anciens. Au Brésil, des fouilles ont exhumé du matériel archéologique antérieur de plusieurs dizaines de milliers d'années… Un sacré écart ! D'où venaient ces vrais pionniers ? Qui étaient-ils ? Malheureusement, aucun squelette aussi ancien n'a encore été découvert. Une chose est sûre : ces peuples se sont éteints avant de laisser une descendance, ou bien ils n'ont fait que passer.

Dernier débat soulevé par l'ADN : une fois conquise par le détroit de Béring, l'Amérique a-t-elle reçu la visite d'autres populations ? Déjà formulée il y a plusieurs années, l'hypothèse de la survenue de navigateurs par l'Océanie et donc d'un lien avec la Polynésie vient de reprendre des couleurs. L'ADN de certaines populations de Polynésie contient en effet des fragments de génome communs avec les Amérindiens de Colombie. Le lien ancien entre Polynésie et Amérique avait été révélé… par les légumes : les patates douces cultivées dans l'est de la Polynésie descendent de variétés endémiques d'Amérique centrale et étaient consommées bien avant l'arrivée des

Européens, qui ont apporté leurs propres plants. La preuve solide de rencontres entre les Polynésiens et les Amérindiens !

De fait, des généticiens ont retrouvé la trace de ces échanges dans l'ADN de certains Polynésiens. On a donc bien navigué sur des milliers de kilomètres à travers l'océan Pacifique, de l'Amérique vers la Polynésie, des siècles avant les colonisations européennes. Ne reste plus qu'à dénicher les preuves matérielles de ces voyages au long cours. Et d'éventuelles traces génétiques côté continent américain.

des mutations pour conquérir la planète

Comme tous les autres grands singes, Sapiens vivait au départ en milieu tropical. Comment notre espèce a-t-elle pu coloniser les hautes latitudes ? En adaptant son génome au défi posé par le manque d'ensoleillement.

Si l'on devait passer tous les animaux sur une balance, quelles espèces l'emporteraient ? Autrement dit, quels animaux sont majoritaires sur la planète, en masse ? Selon une étude parue en 2018, la famille des insectes et des crustacés occupe la première place, avec un poids total de 1,2 gigatonne (un milliard de tonnes). Les poissons arrivent en deuxième position (0,7 Gt), puis les animaux d'élevage (bovins, ovins et porcins, 0,1 Gt). En ce qui nous concerne, nous pesons à peine 0,06 Gt, soit trois fois plus que les vers de terre. Maigre consolation. Une chose est sûre, néanmoins : même si nous n'occupons que la quatrième place de ce concours, nous sommes l'espèce la plus invasive. Nous avons colonisé l'entièreté du globe, de l'équateur jusqu'aux pôles.

Même les maîtres de l'adaptation, les moustiques et les rats, n'ont pas su se montrer si versatiles. Alors, quelle potion magique avons-nous bue pour nous couler ainsi dans le moule de tous les climats, des plus arides aux plus rigoureux ? Au départ, nous sommes un animal tropical, comme les autres grands singes. Quel est le secret de notre omniprésence sur Terre ?

L'essentiel de notre évolution a eu lieu en Afrique, dont nous sommes sortis il y a environ 70 000 ans. Nos ancêtres colonisèrent d'abord des endroits plutôt chauds, comme le Moyen-Orient, le sud de l'Asie et l'Australie. C'est seulement autour de 40 000 ans qu'ils conquièrent des contrées plus froides : ils atteignent le nord de l'Asie vers 30 000 ans. Comment ces pionniers se sont-ils adaptés à ces régions ? Les vêtements et le feu suffisaient peut-être à lutter contre le froid, mais les latitudes élevées posaient un problème contre lequel la technique de l'époque ne pouvait rien : le manque d'ensoleillement !

Pourquoi est-ce si important ? Parce qu'une composante des rayons solaires, les UV, est indispensable à notre santé, comme nous l'avons souligné. Les cellules de la peau se servent des UV pour activer la fabrication de vitamine D. Or l'absence de cette molécule provoque notamment des désordres de croissance et affaiblit notre immunité. Comment avons-nous surmonté l'insuffisance en UV ? Longtemps, les chercheurs ont considéré que la seule réponse de la nature avait été de sélectionner des hommes à la peau plus claire. Un teint plus blanc facilite en effet l'assimilation de la vitamine D. Or les analyses génétiques montrent que cette adaptation a été lente et seulement récente. Bref, elle ne suffit pas à expliquer la conquête du Grand Nord.

Pour y mener une vie normale, nos ancêtres ont bénéficié d'un autre coup de pouce de l'évolution : ils ont eu la chance que des mutations qui permettent de consommer davantage de viandes grasses soient apparues. Ainsi, ils ont pu consommer, en développant de nouveaux outils pour chasser et pêcher, la faune qu'ils ont rencontrée, notamment des animaux riches en vitamine D : mammifères marins, poissons gras et orignal. Mais comment est-il possible qu'une alimentation trop grasse ne finisse pas par être toxique, en bouchant les artères et provoquant des accidents cardiovasculaires ? Eh bien, ils ont été aidés par des mutations génétiques dans les gènes FADS, qui produisent des enzymes dites « acide gras désaturases » facilitant la digestion du gras.

Ce n'est pas tout ! Cette formule ne convenait en effet pas à tout le monde. Se nourrir de viande grasse est peut-être la solution pour les enfants et les adultes, mais *quid* des bébés point encore sevrés ? À nouveau défi, nouvelle réponse évolutive : une mutation apparue par hasard dans le gène EDAR a augmenté significativement les canaux des glandes mammaires. Et les nourrissons ont dès lors avalé plus goulûment encore le lait, afin de se gaver de la vitamine D que leur mère avait elle-même absorbée. Problème réglé.

Après le Grand Nord, où l'humain a-t-il poursuivi son chemin ? Les populations arrivées en Sibérie colonisent toute l'Amérique à partir de 15 000 ans. Raison pour laquelle la mutation du gène EDAR et celle d'une meilleure digestion du gras se retrouvent à des fréquences élevées chez tous les Amérindiens, y compris ceux vivant à des latitudes tropicales.

Cela explique d'ailleurs certaines spécificités physiques de ces peuples. En effet, la mutation EDAR ne joue pas seulement dans les glandes mammaires. Elle influence aussi la forme des dents (elle aplatit les incisives, leur conférant une forme de pelle) et, de manière encore plus étonnante, l'épaisseur des cheveux ! Les cheveux épais des populations d'Amérique et d'Asie du Nord trouvent leur origine dans ce phénomène, une singularité pour laquelle l'explication adaptative faisait défaut.

C'est en fait le même gène ayant facilité l'adaptation à des environnements rigoureux qui a déterminé l'aspect unique de leurs cheveux ! Les films fantastiques japonais sont peuplés de sorcières qui terrifient les gens en inclinant la tête et en disparaissant derrière un rideau de cheveux. Et dire que le succès de ce genre cinématographique doit tout au manque d'UV !

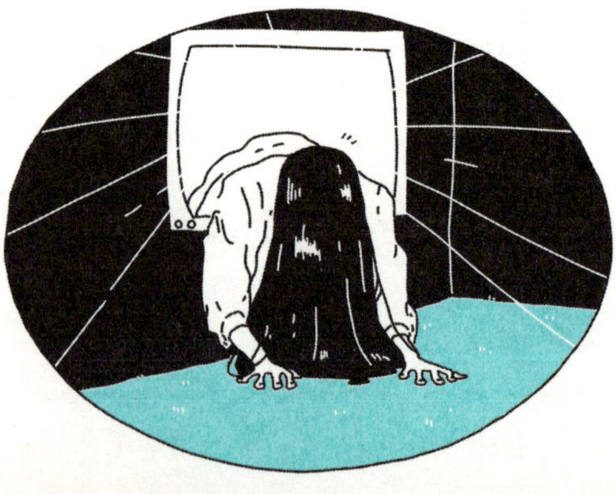

du Moyen-Orient dans notre génome

L'invention de l'agriculture a été l'un des grands jalons de l'histoire de l'Homme. Une révolution qui s'est inscrite dans notre ADN.

Aménagée au cœur des montagnes glacées norvégiennes, la réserve mondiale de semences du Svalbard a des faux airs de bunker de la Seconde Guerre mondiale, si ce n'est de quelque base secrète cachant le méchant du prochain *James Bond.* Au bout d'un long tunnel s'enfonçant dans la roche, un immense hangar abrite des graines du monde entier alignées sur des étagères, qui serviront peut-être à sauver ces variétés si d'aventure elles devaient disparaître de la surface de la Terre. Le déclin de certaines espèces a déjà commencé, en particulier celles que nous mangeons. Incarnation à la fois de la magnificence et de la décadence humaine, ce lieu nous rappelle à quel point notre histoire est à lier à celle de l'agriculture. Une histoire qui se retrouve jusque dans nos gènes.

Quand l'Homme a-t-il commencé à cultiver la terre ? Il y a environ 10 000 ans. Ce fut un changement majeur dans le destin de notre espèce et de son rapport à la nature. Cette période charnière s'appelle la transition néolithique. Jusque-là, l'essentiel de notre nourriture dépendait de la chasse et de la cueillette. Cette soumission à la prodigalité de l'environnement se réduisit lorsque nos ancêtres inventèrent l'agriculture et l'élevage. Nous nous sommes alors mis à semer, à sélectionner et donc à modifier considérablement certaines plantes, ainsi qu'à domestiquer des animaux pour leur viande, leur lait, leur laine. Cela a marqué le début de notre impact majeur sur la planète.

Quelle région du monde a porté ce bouleversement majeur ? Plusieurs. De façon quasi concomitante, différents peuples ont pris le virage du Néolithique. Chaque fois, les humains se sont adaptés aux ressources locales. En Chine, on domestique le riz et le millet, dans les Amériques ce sont le maïs et les pommes de terre, en Nouvelle-Guinée le taro, en Afrique le sorgho, et au Moyen-Orient, dans le Croissant fertile, le blé et l'orge. Fait incroyable, toutes ces agricultures naissent en totale indépendance !

La transition du Néolithique a entraîné des changements majeurs non seulement sur la nature, mais aussi sur les populations humaines. En effet, débute alors une période de forte croissance démographique. Aujourd'hui, il est difficile d'estimer le nombre d'individus qui peuplaient la Terre à l'époque, mais une chose est claire : les sites archéologiques de cette période se multiplient, signe que l'habitat se densifie. Selon les estimations, la population mondiale aurait grimpé de moins d'un million à quelques millions, voire dizaines de millions.

Autre bouleversement : à cette période nos ancêtres se sédentarisent de plus en plus. Émergent des villages, puis des villes. Cette concentration démographique est le terreau sur lequel vont pousser les premières épidémies. On aurait tort de croire que le début de l'agriculture correspond à un âge d'or. La vie n'a pas été plus confortable ni meilleure, c'est même plutôt l'inverse. Il a été estimé qu'avant l'agriculture, les chasseurs-cueilleurs n'avaient besoin de dédier que 2 à 3 heures par jour à la quête de nourriture. Le reste du temps pouvait être employé à d'autres loisirs… Par ailleurs, dans certains sites archéologiques bien explorés, on voit que la santé des humains du Néolithique s'est sévèrement détériorée : stature plus faible, traces dans les dents de carences, reflet d'une moins bonne alimentation conjuguée avec les nouvelles infections.

Ce sombre tableau soulève un paradoxe : si l'agriculture s'accompagnait de tant de malédictions, pourquoi alors l'avons-nous (presque) tous embrassée ? Un premier élément de réponse résiderait dans la démographie : les agriculteurs seraient simplement devenus plus nombreux que les chasseurs-cueilleurs. Pourquoi ? Selon une théorie, la sédentarité aurait réduit les intervalles entre naissances. Et la multiplication des naissances aurait compensé la dégradation de la santé. L'agriculture permettant de nourrir plus d'individus sur une surface plus réduite, pour les familles nombreuses et les villages qui la pratiquaient, un retour en arrière devenait alors quasi impossible.

Longtemps, un grand débat a animé les spécialistes du Néolithique : comment l'agriculture avait-elle conquis la planète ? Les agriculteurs avaient-ils remplacé les chasseurs-cueilleurs ou ceux-ci s'étaient-ils convertis aux nouvelles pratiques ? Un remplacement démographique ou juste technologique, en quelque sorte. Les études de l'ADN des populations humaines du passé ont permis de régler cette question, du moins en Europe.

L'agriculture n'a pas été inventée dans la région. Issue du Moyen-Orient (plus précisément de l'Anatolie, dans le sud de la Turquie), elle atteint l'Europe il y a 9 000 ans, la France il y a 8 000 ans, et l'Angleterre et les pays baltes il y a environ 6 000 ans. Elle arrive par deux chemins : l'un suit la rive nord de la Méditerranée et l'autre le Danube par le nord. En comparant l'ADN des populations avant l'arrivée de l'agriculture et après, les généticiens ont remarqué un changement net de population. Autrement dit, les peuplades d'agriculteurs ont bel et bien voyagé avec leurs pioches et leur savoir, prenant la place des chasseurs-cueilleurs locaux.

Les chasseurs-cueilleurs ont-ils pour autant complètement disparu ? Non, l'ADN des squelettes de l'époque montre qu'ils se sont progressivement mélangés avec ces migrants du Moyen-Orient, se convertissant à leur tour à l'agriculture. Ainsi, nous avons dans notre ADN 2 % de séquences génétiques issues de l'Homme de Néandertal, 8 % de celles issues des chasseurs-cueilleurs du Paléolithique, environ 60 % de séquences des fermiers venus du Croissant fertile caractéristiques du Néolithique et près de 30 % de celles d'un peuple méconnu, les Yamnayas, en provenance directe des steppes du nord de la mer Noire (voir p. 109). Conclusion : en Europe, nous descendons à la fois des chasseurs-cueilleurs qui ont peint la grotte de Lascaux et des agriculteurs-éleveurs venus du Moyen-Orient. Et d'autres arrivées plus tardives, mais c'est une autre histoire…

les Pygmées, faux miroirs de notre passé

Dernier grand groupe de chasseurs-cueilleurs sur Terre, les Pygmées nous renseignent un peu sur la façon dont nos ancêtres vivaient avant l'invention de l'agriculture et de l'élevage, et nous montrent surtout une modernité différente.

Ceux que l'on nomme les « Pygmées » sont un peuple qui m'est cher. J'ai consacré plusieurs de mes missions sur le terrain à l'étudier sous l'angle génétique. Ils vivent en Afrique centrale et dépendaient jusqu'à il y a peu pour subsister essentiellement de la chasse et de la cueillette. De telles populations sont maintenant rares sur la planète, en raison de l'invention par nos ancêtres de l'agriculture et de l'élevage, il y a quelque 10 000 ans. Cette innovation fondamentale a eu lieu un peu partout sur le globe et de manière indépendante. Grâce à ce nouveau mode de vie, les populations d'éleveurs et d'agriculteurs ont connu une vigoureuse croissance démographique. Progressivement, elles ont remplacé quasiment toutes les populations de chasseurs-cueilleurs, soit en se mélangeant génétiquement avec elles, soit en leur transmettant l'agriculture.

Il ne reste sur la planète quasiment plus de populations n'ayant pas basculé vers ce mode de vie. Au nombre de quelques centaines de milliers, les Pygmées forment le plus grand groupe humain à être resté chasseur-cueilleur. Outre leur tendance à la mobilité, au nomadisme, ils possèdent une caractéristique qui a fasciné les premiers Européens qui les ont rencontrés au XIXe siècle : leur faible stature. D'ailleurs, leur nom vient d'un peuple de la mythologie grecque qui signifie « haut d'une coudée ». En moyenne, ils mesurent moins de 1,50 m. Il s'agit certainement d'une adaptation à la vie en forêt, même si nous en comprenons mal le mécanisme.

Pourquoi suis-je allée leur rendre visite plusieurs fois ? Justement parce qu'ils représentent une fantastique fenêtre vers un mode d'existence que l'humanité a adopté pendant presque toute son histoire. Ils nous éclairent sur des manières de vivre des chasseurs-cueilleurs. Les Pygmées vivent en petits groupes. Au moment de choisir l' « élu-e » de leur cœur, ils passent d'un groupe à un autre, ce qui *de facto* limite la consanguinité, inévitable dans des populations de faible effectif si les mariages restent à l'intérieur du groupe. Nonobstant ces échanges de personnes, les individus des groupes se marient moins entre eux que ne le feraient les habitants de villages d'agriculteurs. D'ailleurs, le terme européen de Pygmées qui rassemble ces groupes différents ne correspond pas à la réalité de ces populations, qui se nomment Baka, Aka, Koya. Et qui ne se connaissent pas les uns les autres.

Autre point notable sur ces groupes : ils sont dépourvus de chef. Les Pygmées ont mis en place des systèmes sociaux très égalitaires, notamment en termes de redistribution de nourriture. Ils ne pratiquent pas le stockage et l'accumulation, mais vivent plutôt au jour le jour des ressources de la forêt et des échanges avec leurs voisins agriculteurs. Dès que les enfants atteignent deux ans, ils sont pris en charge par tout le clan, hommes et femmes compris.

Surtout, la connaissance de ces populations a grandement contribué à déconstruire les hiérarchies entre les populations humaines modernes. Il est aisé de voir dans les pays riches une forme d'aboutissement de la civilisation et de rabaisser les chasseurs-cueilleurs à des versions archaïques et dépassées de nous-mêmes, à des *presque humains*, pensent certains. Voici un exemple qui détruit ce stéréotype.

Dans les années 1960-1970, les ethnologues spécialistes de la musique ont découvert que les Pygmées usaient de techniques musicales très élaborées, que l'on croyait réservées à la musique occidentale classique, telle qu'elle existe depuis Jean-Sébastien Bach. Notamment le fameux contrepoint, au fondement de la polyphonie, qui consiste en la superposition de lignes musicales distinctes pour former la mélodie. Bach est justement considéré comme la référence pour cette technique musicale.

En somme, les Pygmées n'avaient peut-être pas bâti d'immeubles ni de fusées, peut-être avaient-ils emprunté un chemin moins technologique que nous, mais, sur le plan musical, ils avaient fait preuve d'un extrême raffinement. Ils avaient évolué vers un peuple profondément mélomane. Plus tard, on a aussi découvert leur extraordinaire connaissance des plantes et des animaux, tant pour se nourrir que pour se soigner. Bref, pas moins évolués, mais différents !

Hélas, des nuages noirs pèsent sur l'avenir de ce peuple. La déforestation rogne chaque jour un peu plus leur territoire de chasse et de vie. Et la si sophistiquée société occidentale les a contaminés, avec le fléau de l'alcool. Combien de temps ce mode de vie différent perdurera-t-il ? Seul l'avenir le dira.

les Yamnayas, ancêtres cachés des Euro-péens

Les Européens ont cru descendre des seuls chasseurs-cueilleurs préhistoriques et des vagues de migrations d'agriculteurs venus du Moyen-Orient. Mais la génétique a révélé l'irruption dans cette histoire d'un peuple insoupçonné, venu de la mer Noire.

S'il fallait résumer à gros traits l'histoire de France avant la conquête romaine, un sondage à la sortie du métro aboutirait certainement à ces deux réponses : « L'Homme de Cro-Magnon » et « Nos ancêtres les Gaulois ». *Grosso modo*, cette vision prenant deux lignées d'ancêtres comme point de départ a longtemps été partagée par les archéologues. À un substrat de chasseurs-cueilleurs (les premiers Sapiens d'Europe, ceux qui ont peint la grotte de Lascaux) sont venus se mêler les agriculteurs venus d'Anatolie, vers −8 000 ans. À l'échelle de l'Europe, ce scénario a été révisé ces dernières années grâce à la génétique, mettant sur le devant de la scène un peuple à la contribution majeure, en partie passée sous silence jusqu'ici. Un peuple qui peignait ses morts avec un pigment ocre et les enterrait individuellement sous un tumulus : les Yamnayas.

Qui était ce peuple ? Il était composé d'éleveurs nomades des steppes de l'âge du Bronze, la période juste après le Néolithique, il y a environ 4 000 à 5 000 ans. Ils vivaient au nord de la mer Noire et de la mer Caspienne, dans la région de la Volga. Ce sont les premiers à avoir développé le chariot à roue, qui était tiré par des bœufs. Leurs descendants en Europe seraient à l'origine de la culture dite de la « céramique cordée », où des objets fabriqués en argile sont ornés en pressant des cordelettes sur l'argile encore fraîche, de façon à y imprimer des motifs.

Leur rôle capital dans l'histoire du continent a été révélé en 2015 seulement : des comparaisons entre l'ADN des populations européennes actuelles et celui extrait de tombes yamnayas ont montré d'évidentes parentés, parfois dans des proportions sidérantes. Ainsi, 80 % du génome des Britanniques remonte à ces nomades des steppes ! De façon générale, le nord de l'Europe dans son ensemble descend fortement des Yamnayas.

Au sud au contraire, comme en Espagne, ce pourcentage baisse à une valeur toujours élevée de 30 %. Avant ces analyses ADN, presque personne ne pensait que cette arrivée majeure des nomades des steppes, quelques millénaires après les agriculteurs, avait contribué significativement au pool génétique des Européens – pas des ancêtres directs, de simples visiteurs, songeait-on. En Europe, seul un pays a été épargné par cette vague de migrations : la Sardaigne. Une île restée partiellement isolée des soubresauts de l'histoire continentale.

Comment le mélange des Yamnayas avec les populations indigènes s'est-il opéré ? Des chercheurs se sont intéressés au chromosome X, qui détermine le sexe génétique des individus avec son homologue Y : les femmes sont XX et les hommes XY. Or les chromosomes X d'Européens actuels arborent peu de traces de cet héritage génétique. Autrement dit, quand ils sont arrivés avec leurs chariots, les Yamnayas comptaient-ils peu de femmes parmi leurs rangs ? Formaient-ils une société de guerriers ? À moins que seuls les hommes ne se soient mêlés progressivement aux indigènes, se mariant avec des femmes locales. Difficile aujourd'hui de trancher entre les deux hypothèses. Surtout que le rythme auquel s'est effectué ce mélange semble très variable, s'étalant sur plusieurs siècles dans certaines régions.

Qu'est-ce qui a attiré les Yamnayas dans nos contrées ? Une hypothèse aux accents catastrophistes voit dans leur migration la conséquence de la première pandémie de l'histoire de l'humanité. Leur arrivée il y a 5 000 ans correspond en effet de peu à l'apparition en Europe de l'Ouest des premières traces de *Yersinia pestis*, la bactérie responsable de la peste (on le sait car, au fil du temps, les ossements conservent l'ADN d'agents pathogènes ayant infecté les individus). Ainsi, certains chercheurs considèrent que les populations locales de l'âge du Bronze ont été affaiblies par la peste, laissant des territoires vacants que les Yamnayas sont venus peupler.

Dans ce scénario, où la peste joue un rôle prédominant, une autre hypothèse serait que le fléau microscopique ait voyagé avec les Yamnayas. Selon une autre idée, un changement climatique à l'œuvre en Europe aurait rendu les terres moins exploitables par l'agriculture, qui aurait ainsi reculé. L'exploitation de l'environnement aurait basculé, au bénéfice du mode de vie pratiqué par les éleveurs-nomades.

Quoi qu'il en soit, le rôle des Yamnayas dans notre pool génétique est avéré. Si vous n'êtes pas sarde et que vous avez au moins un ancêtre européen, la prochaine fois que vous vous regarderez dans le miroir, vous y verrez à la fois un brin de chasseur-cueilleur peintre de Lascaux, d'agriculteur venus du Moyen-Orient et de nomade surgi des steppes. C'est un sacré mélange qui a façonné l'Europe !

Reste à mieux comprendre ce que cette arrivée dans le pool génétique européen a bien pu changer. C'est l'objet de recherches en cours, certains travaux émettant l'hypothèse d'une influence sur la stature, d'autres sur notre capacité à digérer le lait… Affaire à suivre.

notre
culture
façonne
l'ADN de
l'humanité

Si notre ADN fait de nous des êtres humains et nous confère de nombreuses aptitudes, l'inverse est aussi vrai : nos comportements influencent nos gènes, du moins à l'échelle des populations.

À l'approche de l'été, les personnes aux cheveux roux fuient les rayons ardents du soleil sous peine d'exposer leur peau albâtre à de sévères brûlures. En Himalaya, lorsqu'ils aident les alpinistes à gravir l'Everest, les Sherpas mettent à profit leur métabolisme exceptionnel qui leur permet, dans l'air raréfié du toit du monde, de maintenir la cadence. Deux exemples où le comportement des hommes est sous influence directe de leur patrimoine génétique. Notre ADN pèse sur divers aspects de nos existences, de notre taille à nos prédispositions aux maladies. Alors, l'ADN tirerait-il les fils de nos destins ? En fait, c'est plutôt l'inverse que la biologie révèle aujourd'hui : notre culture influe sur les gènes de l'espèce humaine.

En tant qu'êtres humains, nous transmettons nos gènes comme tout organisme vivant sur Terre. Mais, à la différence d'une bactérie ou d'un mimosa, nous possédons une particularité extrêmement développée : nous transmettons aussi de la culture. L'Unesco considère la culture comme l'ensemble des traits distinctifs, spirituels et matériels, intellectuels et affectifs, qui caractérisent une société ou un groupe social. Cette définition au sens large, qui s'étend bien au-delà de la seule culture matérielle ou artistique, englobe notamment les modes de vie, les systèmes de valeurs, les traditions et les croyances. Or certains de ces traits culturels peuvent avoir une importance dans l'évolution génétique de notre espèce et sa diversité.

L'alimentation est peut-être le secteur où ce mécanisme transparaît le plus. Par notre mode de vie, nous modifions notre environnement et en retour, parfois, nous nous sommes adaptés à ce nouvel environnement. C'est le cas des Inuits du Grand Nord qui se nourrissent de la pêche et de la chasse de mammifères marins. Ils mangent donc beaucoup de viandes grasses. En étudiant génétiquement ce peuple, les biologistes ont observé une mutation du gène FADS1 qui facilite la digestion des gras de type oméga 3. Cette mutation est devenue avantageuse il y a quelques milliers d'années : les individus porteurs digéraient mieux la nourriture grasse et se sont mieux reproduits. Ils ont mieux survécu aux aléas de leur existence rude et ont mieux transmis leur ADN. Au fil des générations, cette mutation a augmenté en fréquence et est maintenant portée par tous les Inuits !

Toujours lié au gras, un autre exemple concerne les Indiens. Cette population asiatique a adopté une alimentation végétarienne depuis un grand nombre de générations. Une mutation du gène FADS2 a été sélectionnée qui facilite la synthèse de certains acides gras insaturés.

Plus près de chez nous, en Europe, dans les populations du Nord, une mutation est devenue avantageuse il y a plus de 5 000 ans : elle a permis aux adultes de digérer le lait, plus précisément le sucre qu'il contient, le lactose. En règle générale, chez les mammifères, l'enzyme qui dégrade le lactose, la lactase, devient inopérante chez les adultes. Les veaux digèrent le lactose, mais pas les vaches ! Pourtant, chez certaines populations humaines, presque tous les adultes assimilent le lait. Plus surprenant, ce sont plusieurs mutations différentes selon les endroits de la planète qui confèrent cet avantage : une mutation prédominante en Europe, deux en Afrique, une au Moyen-Orient… Originaires de plusieurs lieux du globe grâce à l'élevage des bovins, des ovins et aussi des chameaux, ces mutations ont ensuite augmenté en fréquence au fil des générations dans les populations où le lait frais était important dans l'alimentation, contrastant avec d'autres populations comme en Asie du Sud, où les habitants demeurent intolérants au lait à plus de 90 %.

Dans ces trois cas, les choix d'une alimentation particulière, adoptés par préférence culturelle, ont entraîné la sélection de mutations qui ont permis aux populations de s'y adapter. Ce processus se déroule lentement, sur des centaines de générations. Aussi requiert-il que le trait culturel perdure dans le temps.

D'autres exemples d'influence de la culture sur les gènes sont inattendus. Les populations bajau des Philippines sont réputées pour leurs plongeurs surdoués, capables de réaliser des apnées de 13 minutes pour pêcher. De telles prouesses auraient pu être le fruit d'un entraînement intensif, mais des chercheurs ont montré que les Bajau possédaient notamment une rate particulièrement grosse (à l'instar de certains mammifères marins), une adaptation anatomique résultant d'un processus sélectif qui leur a conféré un ADN de super-héros !

le verre (de lait) de trop

La tolérance ou non au lait à l'âge adulte chez certains reflète une page d'histoire de notre espèce, quand il y a des milliers d'années les humains se sont sédentarisés et ont pratiqué l'élevage.

Les désagréments ont commencé une demi-heure après le petit-déjeuner. D'abord des ballonnements, puis votre estomac essayait de digérer une brique, ou presque. Enfin, des brûlures ont embrasé votre abdomen. Mais comment quelques verres de lait ont-ils pu déclencher pareil orage digestif ? La publicité nous a pourtant seriné que les produits laitiers sont bons pour la santé et « nos amis pour la vie ». Quelque chose ne tournerait-il pas rond dans vos intestins ?

Rassurez-vous, si vous êtes intolérant au lait, vous n'êtes absolument pas malade, c'est même plutôt vous qui seriez dans la norme des mammifères. Explications. Certains humains adultes ont la capacité de boire sans mal une grande quantité de lait, parce qu'ils arrivent à digérer le lactose qu'il contient. Le lactose est une grosse molécule, un *sucre* dans le jargon de la chimie, qui doit être découpée afin d'être assimilée par les parois de l'estomac et des intestins. La paire de ciseaux moléculaires qui se charge de l'opération est une enzyme, la lactase : elle divise le lactose en deux petits sucres, le glucose et le galactose.

Grâce à cette enzyme, certaines personnes boivent un litre de lait sans être incommodées, tandis que les autres, qui ne digèrent pas le lactose, écoperont de diarrhées, de crampes abdominales et de gaz. Pourquoi ne sommes-nous pas tous égaux face au lait ? En réalité, le plus surprenant n'est pas que certains malchanceux doivent se résoudre à laisser les produits laitiers au réfrigérateur, c'est que certains adultes humains digèrent le lait !

En tant que mammifères, nous devrions tous êtres privés de cet aliment. La lactase existe en effet chez tous les mammifères, puisque c'est grâce à elle que les nourrissons se nourrissent aux mamelles de leur mère. Mais la production de cette enzyme s'arrête au moment du sevrage, lorsque l'alimentation des jeunes se tourne vers des repas solides. La lactase est donc absente à l'âge adulte. Par exemple, une vache ne digère pas le lait, les chats adultes non plus, à de rares exceptions… même s'ils en aiment souvent le goût ! En toute logique, nous aussi devrions tous être intolérants au lactose.

L'infraction à cette règle prend ses racines dans l'histoire de l'espèce humaine, à une époque où celle-ci s'est mise à élever du bétail. Il y a des milliers d'années, en même temps qu'ils se sédentarisaient et bâtissaient des enclos pour rassembler leurs troupeaux, les premiers agriculteurs commencèrent à intégrer le lait dans leur nourriture. On connaît depuis peu le mécanisme génétique qui a autorisé cette révolution alimentaire : grâce à une mutation d'une seule lettre de l'ADN, la lactase s'est mise à subsister à l'âge adulte.

Une unique mutation, et le destin de notre espèce s'en trouva modifié. Elle a conféré un avantage aux premiers éleveurs. Ceux qui la portaient ont mieux survécu, ils ont eu davantage d'enfants, et leur progéniture s'est elle aussi mieux reproduite. Ainsi, au fil des générations, la mutation s'est répandue, jusqu'à atteindre dans certains endroits du monde l'intégralité ou presque de la population, si l'on en croit les chiffres modernes. Par exemple, aujourd'hui, en Europe du Nord, plus de 80 % des individus tolèrent le lactose. Un tel taux élevé se retrouve chez certaines populations d'Afrique et du Moyen-Orient, mais des mutations différentes expliquent leur aptitude à boire du lait.

L'altération du génome s'est donc déroulée indépendamment dans trois endroits du globe. Quand ? En Europe, on pense que la mutation a commencé à augmenter en fréquence il y a 8 000 ou 5 000 ans, lors de l'intensification de l'élevage, et qu'elle a ensuite diffusé sur plusieurs centaines de générations. Un bel exemple d'interaction entre la culture et la génétique ! De fait, les humains ont changé leurs habitudes en devenant éleveurs, et en retour cette modification les a fait évoluer génétiquement. Notez bien que la mutation n'est pas apparue car ils se mettaient à boire du lait : elle existait avant, ne servait à rien et s'est soudain montrée utile.

Des mystères subsistent encore autour de la tolérance au lactose. Le premier porte sur son intérêt : pourquoi cette capacité a-t-elle été avantageuse ? A-t-elle représenté un moyen de subsistance pour les Hommes du Néolithique, pas encore parfaitement rompus aux techniques agricoles, pour affronter des moissons peu généreuses ? Autre hypothèse : source de vitamine D, le lait a pu jouer le rôle de complément alimentaire à des latitudes où le faible ensoleillement compromettait la synthèse de cette substance indispensable à la croissance.

La tolérance pose une seconde énigme. Des populations d'Asie centrale, en Mongolie et Sibérie, ne bénéficient pas de la mutation avantageuse, bien que leur alimentation repose sur le lait et les produits laitiers. Comment, alors, peuvent-ils digérer le lait ? Une possibilité serait qu'ils utilisent du lait déjà fermenté en partie dans un récipient. Le lait de jument et celui de chameau fermentent *de facto* très facilement. Or le lait fermenté contient des bactéries qui font en partie le travail de digestion à notre place, bien qu'il reste du lactose dans ces produits. Explication alternative : les populations pourraient s'être adaptées au lait en modifiant leur flore intestinale. Et pour vous, le lait est-il digeste ?

les Basques jouissent-ils d'une autonomie (génétique) ?

Ils sont un peuple à part en Europe au niveau linguistique. On pensait qu'ils étaient longtemps restés isolés du reste du continent. Pour autant, l'ADN des Basques reflète une autre histoire que celle d'une population repliée sur elle-même.

Les Basques ont-ils davantage en commun qu'un béret et leur langue, l'euskara ? Ce peuple, à la culture bien affirmée, s'est toujours interrogé sur ses origines : leurs multiples singularités prenaient-elles racine dans des temps ancestraux ? Reflétaient-elles une antériorité face à la plupart des autres peuples européens ? Les généticiens se sont intéressés à cette énigme dès le milieu du XXe siècle, quand on a découvert que les Basques ont une fréquence de rhésus négatif élevée. Une étude récente, fondée elle sur les marqueurs « uniparentaux » (comme le chromosome Y et l'ADN mitochondrial), a renforcé l'hypothèse d'un peuple à l'origine très ancienne, remontant au dernier maximum glaciaire.

L'archéologie a appuyé ce scénario. Il y a environ 18 000-20 000 ans, tandis que les glaces recouvraient l'Europe, le sud-ouest du continent a fait office de zone refuge pour les espèces, y compris pour les humains. La zone était alors *densément* peuplée. La linguistique a contribué à cette version de l'histoire, car l'euskara n'appartient pas au grand groupe des langues indo-européennes parlées dans toute l'Europe. Tous ces arguments mis ensemble ont assez naturellement présenté les Basques comme les descendants directs des populations paléolithiques qui vivaient en Europe avant l'irruption de l'agriculture, il y a environ 8 000 ans de cela, au Néolithique.

Or, en 2021, des équipes espagnoles et françaises ont mené une analyse génétique plus complète et ont contredit cette idée. Selon l'étude, l'apport des grandes migrations au génome des Basques a été identique au reste de l'Europe, c'est-à-dire qu'ils descendent à 20 % des chasseurs-cueilleurs originels (les premiers Sapiens arrivés en Europe), à 60 % des populations venues d'Anatolie (sud de la Turquie) ayant apporté l'agriculture, et enfin à 20 % des nomades des steppes de l'âge du Bronze, les Yamnayas. En aucun cas les Basques ne représentent donc de purs reliquats des chasseurs paléolithiques. En termes génétiques, ils s'inscrivent bien dans le panorama européen, même s'ils arborent quelques spécificités, au même titre que les habitants de la Sardaigne. D'où viennent ces singularités ? De la résistance uniquement linguistique que les Basques ont offerte aux idiomes issus des agriculteurs et des nomades des steppes, bien qu'ils se soient mélangés génétiquement avec ces derniers. Leur isolement génétique débute en effet bien après ces migrations, à l'âge du Fer, il y a environ 2 500 ans. Les Basques se sont ensuite peu mélangés avec les populations qui ont romanisé l'Espagne et la France, et pas plus avec les peuples d'Afrique du Nord lors de la conquête arabe. Placée sur une carte, leur spécificité génétique suit un gradient, avec moins de mélange au centre de la région basque et davantage de croisements aux bords. C'est un exemple académique où la langue a joué en quelque sorte le rôle de barrière douanière poreuse.

Dernière question soulevée par les chercheurs : tous les Basques se ressemblent-ils génétiquement ? C'est l'une des forces de l'étude : elle a travaillé avec un grand nombre d'échantillons sanguins, prélevés dans toutes les régions basques. Réponse : les Basques se sont peu mélangés non seulement avec autrui, mais aussi au sein de leur groupe. Le choix du mariage entre soi, que l'on nomme endogamie à l'échelle locale, a creusé des différences génétiques entre les habitants de régions basques distinctes. Finalement, ce cas souligne la capacité de la culture à façonner la génétique. En cela, même si le fantasme d'une ascendance plongeant ses racines dans un lointain passé préhistorique s'est évanoui, les Basques demeurent un fascinant cas d'école

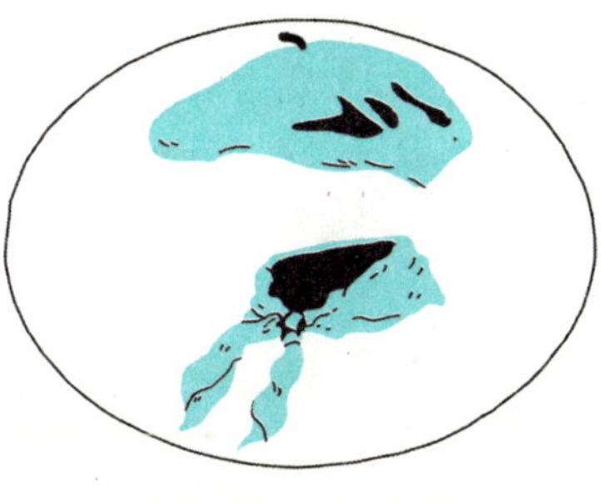

au Moyen Âge

et après

tous fils de Gengis Khan !

En Asie centrale, une étude génétique a montré que 16 millions d'hommes descendaient du célèbre empereur. Un succès reproducteur renversant, expliqué par la transmission du pouvoir.

Gengis Khan aurait certainement été fier comme un paon, lui qui a forgé le plus grand empire de tous les temps. En apprenant qu'il avait engendré 16 millions de descendants mâles aujourd'hui, nul doute qu'il aurait bombé le torse. À peine crédible, ce chiffre extraordinaire est le résultat d'une étude menée en 2003 par des chercheurs britanniques de l'université de Leicester. En prélevant l'ADN de 5 000 hommes originaires de plus d'une centaine de peuples différents, les généticiens ont fait une découverte passionnante : 8 % des hommes de l'Asie du Nord partageraient le même chromosome Y. *Quid* de l'illustre ancêtre de cette féconde lignée ? Eh bien, c'est le « souverain universel » (traduction de son nom) lui-même, le politicien et génie militaire Gengis Khan, mort en 1227.

Mais comment le dirigeant ayant inventé le droit des femmes (en interdisant notamment le vol et la vente de femmes – il faut dire qu'on revenait de loin) a-t-il pu se retrouver dans la mire des chercheurs ? En fait, avec leurs outils génétiques de pointe, ces derniers sont parvenus à dater l'ancêtre paternel de ces millions d'hommes vers le XIIIe siècle, avec une fourchette de 300 ans. Ce qui signifie que les gènes du chromosome Y ont inondé l'Asie en seulement un millénaire. Une telle vitesse ne saurait s'expliquer par le simple hasard. Un mécanisme a nécessairement accéléré le processus en favorisant certains gènes. Et que se passe-t-il en Asie du Nord au XIIIe siècle ? C'est l'apogée de l'Empire mongol mené par Gengis Khan.

À l'époque, en fédérant de nombreuses tribus en Mongolie et en Asie centrale, Khan a réussi à créer un vaste empire. Auréolé de son pouvoir, le dirigeant engendre plusieurs enfants qui, à leur tour, hériteront de ce prestige et du pouvoir. Ces deux qualités se transmettaient alors du père à tous ses fils. D'après les résultats des généticiens, ces descendants ont de même bénéficié d'un succès reproducteur important, et ce sur plusieurs générations. Par ce processus, le chromosome Y a atteint des fréquences très élevées, en particulier en Ouzbékistan. Là, dans les populations turks d'Asie centrale, les familles ont conservé la mémoire de cette noble filiation et considèrent comme un honneur de pouvoir s'affirmer descendants de Gengis Khan. Existe-t-il d'autres lignées comme celles de Gengis Khan ? Oui, on a pu retrouver à travers l'Asie du Nord une dizaine de chromosomes Y aux taux de répétition inouïs. L'un est attribué au leader Gioccanda de la dynastie Qing au XVIe siècle. Les études génétiques estiment qu'il aurait actuellement plus d'un million de descendants au nord de la Chine. Le conditionnel est de rigueur, comme dans le premier cas, car l'attribution à Gengis Khan ou à Gioccanda demeurera toujours une hypothèse, une histoire séduisante, tant que l'ADN de ces anciens chefs ne se trouvera pas au fond d'une pipette. Autrement dit, tant que leurs tombes échapperont encore aux archéologues. Une chose est sûre : ces découvertes génétiques montrent à quel point le succès reproducteur transite par la culture. En Asie, des hommes avantagés pour des raisons culturelles et non biologiques ont transmis ces avantages à leurs descendants. Ainsi, ils ont pu diffuser rapidement leur chromosome Y sur des générations et des générations. Cet effet se manifeste dans de nombreuses sociétés patrilinéaires : le statut et la place d'un individu dans le groupe sont hérités du père. L'importance des ancêtres par voix paternelle est si grande que, dans ces sociétés, les individus connaissent leurs généalogies paternelles sur plus de 7 générations. Je me souviens d'un village au Kirghizistan où toutes ces généalogies étaient dessinées sur les murs de la mairie. N'y figuraient que des noms d'hommes. C'est tout ce système favorisant la perpétuation par voix paternelle des biens et du pouvoir que révèlent les données génétiques !

tous cou-sins !

Le croiriez-vous si on vous apprenait que vous êtes cousin de Thomas Pesquet, de Barack Obama et du youtubeur Norman ?

« Combien de personnes te séparent du pape ? » À un moment, ce genre de questions fusaient souvent dans ma famille pour égayer les dîners. Le jeu consistait à calculer combien de maillons d'une improbable chaîne de connaissances nous reliaient à une célébrité : je connais untel qui connaît untel qui lui-même… Quand on cherche bien autour de soi, on se découvre un réseau social riche de tels raccourcis. J'étais ainsi très fière d'annoncer que seules deux personnes m'unissaient au président Barack Obama et trois au dalaï-lama, contre une seule à la reine d'Angleterre). Le monde est vraiment petit, quand on y pense.

Mon métier de généticienne l'a rendu encore plus minuscule. Les liens de parenté offrent des opportunités infinies de s'émerveiller. À votre avis, existe-t-il une célébrité française avec laquelle vous pourriez avoir un lien de parenté ? Réponse : toutes, car nous sommes tous cousins ! Je m'explique. Il existe en fait un calcul très simple montrant avec certitude que nous partageons tous quelques gouttes du même sang.

Nous avons tous 2 parents, 4 grands-parents, 8 arrière-grands-parents, 16 arrière-arrière-grands-parents, etc. En remontant plus loin dans le temps, on parvient vite à des valeurs vertigineuses : 40 générations nous séparent de l'an 800 et de Charlemagne, ce qui représenterait la bagatelle de 1 000 milliards d'ancêtres, un chiffre astronomique pour une France qui comptait en réalité moins de 10 millions d'habitants à l'époque. Seule explication : tous nos ancêtres généalogiques ne sont pas des individus distincts. Mon arrière-arrière-grand-mère par mon père est peut-être aussi une arrière-arrière-grand-mère par ma mère et aussi une de vos arrière-arrière-grands-mères. Conclusion : nous partageons les uns et les autres une multitude d'ancêtres communs. Bref, nous sommes tous cousins ! Édith Piaf et Thomas Pesquet le sont pour moi, autant que pour vous.

Encore plus fort : j'ose affirmer que l'illustre Charlemagne figure parmi mes ancêtres. Facile : il est notre ancêtre à tous. Étrange ? Non seulement nous, Français, avons des ancêtres communs, mais, si on remonte suffisamment loin dans le passé, le voyage temporel nous amène à une époque où nous possédons tous exactement les mêmes ancêtres. Un ancêtre inscrit dans une généalogie l'est dans toutes. Par exemple, en Europe, il y a environ 1 000 ans, tous les individus ayant eu des descendants jusqu'à nos jours sont à vrai dire les ancêtres de quasiment tous les Européens. Ce qui permet d'affirmer sans craindre de trop se tromper que, si certains de vos grands-parents sont nés en France, Charlemagne (qui, d'après certains généalogistes, a eu des descendants jusqu'à nos jours) est également votre ancêtre !

Et à l'échelle de la planète ? Toujours avec le même modèle mathématique rudimentaire, il est possible de dater notre premier ancêtre commun à tous, notre Ève généalogique. Le premier ancêtre commun aux Européens daterait de seulement 1 000 ans, tandis que l'ancêtre commun le plus récent de toute l'humanité aurait vécu il y a moins de 5 000 ans seulement ! Ce résultat bluffant est dû en partie aux incessantes migrations qui se sont déroulées à la surface du globe : parmi tous vos ancêtres, certains proviennent du Caucase, qui eux-mêmes ont certainement un ou plusieurs aïeuls originaires d'un Orient encore plus lointain, d'une région dont descendent aujourd'hui certains Chinois. Continuons : à coup sûr, votre arbre généalogique déploie une branche vers le Moyen-Orient, une zone qui se ramifie elle-même vers la corne de l'Afrique. Ce raisonnement s'étend même sur les continents plus éloignés comme l'Australie ou l'Amérique.

Ainsi, de proche en proche, nous récupérons des ancêtres venus de toute la planète et mécaniquement tous les ancêtres de ces ancêtres. En plusieurs milliers d'années, l'humanité a tissé sur Terre une énorme toile d'araignée génétique. Il est vertigineux d'imaginer que nous avons tous, dans nos lointains grands-parents, à la fois un cultivateur de riz de Chine, un Sibérien éleveur de rennes et un Africain chasseur d'éléphants !

Mais pourquoi sommes-nous tous cousins et pourtant si différents physiquement, objecterez-vous. Question de pondération : en fonction de votre pays, tous ces ancêtres n'ont pas le même poids dans votre généalogie. Si vous êtes gabonais, vous avez évidemment davantage d'ancêtres africains, alors que, si vous êtes suédois, vous compterez plus d'Européens… Sans oublier qu'en vertu de la loterie génétique qui opère à chaque nouvelle génération, chaque ancêtre n'a pas transmis à chaque descendant lointain les mêmes portions d'ADN. À votre naissance, vous héritez pour moitié de gènes piochés au hasard chez votre mère et pour l'autre chez votre père. D'ailleurs, un ancêtre à la dixième génération a une chance sur deux de ne rien vous avoir transmis. Voilà pourquoi nous sommes bien tous parents et tous différents. Pour ma part, j'ai hâte d'organiser une grande cousinade l'été prochain !

les fem-mes voya-geuses

L'ADN de tous les peuples montre d'étranges ressemblances. Ces similarités sont dues au modèle dominant du mariage sur la planète, dans lequel les femmes migrent pour venir habiter dans le village de leur mari.

Au XIXe siècle, Jeanne Baré fut la première femme à faire le tour du monde. Passionnée de botanique, elle fut contrainte, pour suivre son compagnon à bord de *L'Étoile*, un des deux navires d'exploration de Bougainville, de se déguiser en homme et de se faire appeler Jean. Le subterfuge ne fut découvert qu'au bout de deux ans, lorsque le bateau fit escale à Tahiti. Malgré son importante contribution scientifique, elle fut débarquée plus tard sur l'île Maurice, où elle dut ouvrir un cabaret pour subvenir à ses besoins. Cet itinéraire incroyable contredit la vision stéréotypée de l'histoire qui a souvent rivé les femmes au foyer familial !

Un autre coup de canif à ce cliché a été donné par la réalité qui se cache derrière le mythe des Amazones. Cavalières exceptionnelles selon l'*Iliade*, les Amazones pourraient correspondre aux guerriers nomades des Scythes. Chez ce peuple, l'égalité homme-femme était importante, et de nombreuses sépultures autrefois attribuées à des hommes se sont révélées appartenir à des femmes. « Les découvertes archéologiques prouvent sans l'ombre d'un doute que des cavalières, guerrières et chasseuses, ont été une réalité historique pendant plus de mille ans sur un vaste territoire, qui s'étend de l'ouest de la mer Noire au nord de la Chine », affirme la chercheuse Adrienne Mayor, qui a consacré un livre aux Amazones.

La génétique va plus loin en nous apprenant que de tout temps les femmes ont davantage migré que les hommes. Comment le sait-on ? C'est un ADN atypique qui nous raconte cette histoire de femmes et d'hommes. Pour comprendre, il faut savoir que l'essentiel de notre ADN est contenu dans le noyau de la cellule, où se loge le matériel génétique reçu de nos deux parents. Mais il existe d'autres composants de la cellule qui contiennent aussi des gènes : les mitochondries, de petits organes cellulaires qui servent à la production d'énergie. Elles ne renferment que de l'ADN hérité de la mère. En l'analysant, les généticiens reconstituent en quelque sorte l'histoire des lignées maternelles.

En comparant cet ADN avec son pendant masculin, le chromosome Y transmis de père en fils, les scientifiques ont observé que les populations humaines se ressemblent plus par l'ADN mitochondrial que par le chromosome Y. Ce constat est la signature évidente que, sur tous les continents, les migrations ont davantage été féminines : en voyageant, les femmes ont dispersé sur Terre leur ADN mitochondrial. À l'inverse, l'hétérogénéité des chromosomes Y dénote des déplacements moins fréquents chez les hommes. Nous sommes une espèce où ce sont les femmes qui migrent !

Comment l'expliquer ? Par la manière dont on se marie en général dans les populations humaines. Lorsqu'un homme et une femme s'unissent tout en provenant de villages séparés, ils ont le choix de s'installer dans le village de la femme (on parle de matrilocalité), dans celui de l'époux (patrilocalité) ou encore dans un endroit différent (néolocalité). Dans le cas de la patrilocalité, les hommes restent et ce sont les femmes qui bougent. La France d'il y a 2 ou 3 générations illustre ce processus : l'épouse faisait ses bagages et partait vivre dans le village du mari.

En fait, la situation de la France d'avant-guerre n'a rien d'un cas isolé. Les ethnologues estiment que, sur la planète, plus de 60 % des sociétés humaines sont patrilocales. Donc en général, dans notre espèce, ce sont les femmes qui ont bougé, de proche en proche, de village en village, emportant avec elles leur ADN mitochondrial. Actuellement se développe la néolocalité : ni chez maman ni chez papa !

À ce panorama général s'ajoutent toutefois quelques exceptions où le chromosome Y a voyagé, qui révèlent de vastes migrations masculines. C'est par exemple le cas d'une forme de chromosome Y portée actuellement par presque 10 % des hommes de l'Asie du Nord. Elle serait attribuée à Gengis Khan et à ses descendants masculins (voir p. 137).

Finalement, les épisodes de migrations humaines (comme celles des « invasions barbares » des premiers siècles) et les grandes conquêtes militaires de l'histoire, telles celles menées par les Romains ou les Arabes, nous ont peut-être aveuglés, en nous donnant la fausse impression que les déplacements de populations étaient l'acte d'hommes. C'est oublier que, lors des mariages, les Romains célébraient la déesse de la terre, Terra Mater. Cette déité était représentée assise sur des pièces de monnaie, la main posée sur un globe étoilé. Peut-être les Romains avaient-ils pressenti que la mère nourricière était aussi une voyageuse ?

mystère au Québec

Pourquoi certaines maladies génétiques frappent-elles les enfants avec une prévalence rare au Québec ? Le phénomène prend ses racines dans l'histoire tourmentée de cette jeune province.

Dans la région de Charlevoix, au Québec, le fleuve Saint-Laurent s'élargit subitement en un estuaire, signe que la mer n'est pas très loin. Sur les lieux où se trouve la berge aujourd'hui, un énorme astéroïde a heurté la Terre il y a plusieurs centaines de millions d'années. Le choc a laissé des traces encore visibles aujourd'hui, sous la forme de roches évoquant des chevelures pétrifiées – de quoi rendre perplexe plus d'un promeneur.

La région recèle un autre mystère, enfoui celui-là au cœur des cellules des Québécois. Dans les années 1960, des médecins pédiatres ont noté chez les enfants une forte fréquence de maladies génétiques propres à la région et à celle, toute proche, du Saguenay-Lac-Saint-Jean. La tyrosinémie type I, une maladie du foie, et l'ataxie spastique, une pathologie neurologique, figuraient dans cette triste liste. Toutes les pathologies se rangeaient parmi les maladies récessives : un individu est malade s'il a reçu en double copie la mutation responsable, à la fois par son père et par sa mère. Dans le monde, ce type de complications se retrouve chez les populations, dites consanguines, où les mariages entre proches cousins sont fréquents. Dans ces familles, les mariés ont un ancêtre commun récent et présentent toutes les chances de partager la même version délétère de certains gènes récessifs. Lorsqu'ils auront des enfants, leur progéniture exprimera alors la maladie.

La surreprésentation des maladies pédiatriques dans la région de Charlevoix était-elle d'origine consanguine ? Non, les démographes historiens ont reconstitué toutes les généalogies de cette population à partir de millions d'actes d'état civil. Et surprise : les parents des malades dans l'est du Québec ne sont pas des cousins proches ! Dès lors, comment expliquer les troubles qui frappaient les enfants ? Par un curieux mélange de raisons historiques et d'autres liées aux mœurs des pionniers du Québec.

La Nouvelle-France est fondée au XVIIe siècle par quelques milliers d'immigrants venus de France. Et elle se transforme bientôt en un îlot génétique, isolé du reste du monde : les unions avec les Amérindiens sont quasi inexistantes, tandis que l'immigration française s'arrête en 1765, lorsque la France perd la colonie au profit de l'Angleterre. Par ailleurs, les francophones du Québec, ne parlant pas la même langue et ne pratiquant pas la même religion que les nouveaux migrants anglais protestants, ne se mélangent pas avec eux.

Ces événements font que la population fonctionne en quasi-vase clos pendant quelques siècles. Mais la présence de ces gènes récessifs nécessite deux autres phénomènes. Après la défaite contre l'Angleterre, les religieux catholiques mettent en place une sorte de « guerre des berceaux » et poussent les francophones à avoir le plus d'enfants possible. Les familles de 10 enfants ne sont pas rares. Le record est un couple qui a eu 25 enfants mariés !

Ensuite, non seulement les Québécois francophones ont beaucoup d'enfants, mais en plus les enfants issus des familles les plus nombreuses ont à leur tour une vaste progéniture. Par conséquent, certains des pères fondateurs du Québec francophone (une cinquantaine d'individus) ont bénéficié d'un tel succès reproducteur, transmis de génération en génération, qu'ils ont actuellement plusieurs millions de descendants ! Or, comme n'importe qui, ils étaient des porteurs sains de maladies génétiques récessives.

Additionnés, tous ces facteurs ont favorisé la propagation au sein de la population de certains gènes au détriment d'autres, en l'occurrence les gènes récessifs déclencheurs de pathologies pédiatriques. En 200 ans à peine, les mutations qui entraînent ces maladies sont devenues si fréquentes dans toute la population que les enfants n'ont nul besoin aujourd'hui d'avoir des parents cousins pour en hériter. Hélas pour eux, les dés de la loterie génétique sont devenus pipés.

toujours
plus
nom-
breux

L'espèce humaine s'est multipliée à une vitesse folle depuis deux siècles. Mais la population finira vraisemblablement un jour par se stabiliser, voire par diminuer, à cause du phénomène de transition démographique.

Les chiffres de la démographie mondiale donnent le tournis. Chaque seconde, l'air que nous respirons s'emplit des cris de 4 nouveau-nés supplémentaires (la moyenne statistique exacte est de 4,66 nouvelles naissances par seconde). Chaque année, la planète héberge 147 millions d'êtres humains en plus. Ce nombre descend à 90 millions si l'on tient compte du nombre de morts (1,81 décès par seconde). Il n'empêche : au total, depuis l'aube de l'humanité, on estime que nous avons été 80 milliards d'individus. Cette croissance démographique est vertigineuse ! Nous sommes actuellement 7,8 milliards d'humains sur la planète, or nous étions moins d'un milliard il y a 200 ans ! Quand je suis née, nous étions presque moitié moins sur la planète.

Où nous mène cette augmentation si rapide et comment l'expliquer ? Par un phénomène bien connu des démographes : la transition démographique. Les Européens franchissent cette étape ces derniers siècles. Au XVIIe siècle, en France, les gens avaient beaucoup d'enfants, mais ceux-ci mouraient fréquemment : seule la moitié des enfants atteignaient quinze ans ! Avec l'amélioration de l'alimentation et de l'hygiène, ajoutées à la vaccination, cette mortalité a chuté rapidement. Ce recul est la première phase de la transition démographique. La seconde est la baisse de la fertilité. En somme, schématiquement, les familles basculent d'un modèle avec beaucoup d'enfants, mais qui meurent souvent, à peu d'enfants, mais qui survivent.

Pourquoi ce revirement explique-t-il la croissance exponentielle de la population mondiale ? En réalité, les pays qui s'engagent dans la transition démographique ne voient pas immédiatement le nombre d'enfants baisser. Aussi, pendant quelques décennies, conservent-ils une natalité solide sans contrepartie négative. Les mères continuent d'avoir des familles nombreuses sans qu'elles soient grevées par une santé fragile. C'est durant cette période que la croissance démographique est extrêmement forte. Par exemple, l'Angleterre est passée de 7 millions d'habitants en 1750 à 40 millions en 1900, soit 6 fois plus en 150 ans tout juste. Et c'est sans compter les quelques millions d'individus qui sont partis coloniser l'Amérique du Nord, l'Afrique du Sud ou l'Australie. Par comparaison, pendant ce temps, la France, qui avait déjà fait sa mue, s'est contentée d'une augmentation de 5 millions d'habitants, montant de 25 à 30 millions.

La transition démographique a commencé en Europe à la moitié du XVIIIe siècle et a fait son chemin partout à la surface du globe. Aujourd'hui, tous les pays du monde ont entamé ou ont fini la leur. À l'échelle mondiale, le taux de natalité est passé de 5 enfants par femme en 1800 à 2,4 actuellement. Par rapport à notre propre histoire européenne, les choses s'accélèrent un peu partout ailleurs. Là où il a fallu à l'Europe plus de 150 ans pour passer le cap, l'Iran y est arrivé en seulement 20 ans ! Les pays d'Amérique du Sud et d'Afrique du Nord ont aussi vécu une transition rapide, en seulement 30 à 50 ans. Les pays d'Afrique subsaharienne sont les derniers à être entrés dans cette transition démographique et la font à des rythmes variables. Pour preuve, actuellement, à l'échelle mondiale, la fécondité varie entre 4,4 en Afrique, 2,1 en Asie et seulement 1,6 en Europe.

L'amélioration des conditions de santé n'est pas le seul facteur déclencheur. Dans certains pays comme la Chine, c'est une volonté forte de l'État qui a imposé la politique de l'enfant unique. Cette décision accélère un virage qui était déjà entamé. Dans les autres pays, amorcée grâce à de meilleurs soins, la baisse de la natalité s'est vue renforcée par l'élévation du niveau de vie et, surtout, par l'éducation des femmes. Mais qu'advient il du nombre de naissances une fois la transition démographique achevée ? Plusieurs pays sont allés encore plus loin que le taux de natalité minimum requis pour que la population se renouvelle, qui correspond à 2,1 enfants par femme. Par exemple, à Singapour, on compte 1,1 enfant par femme, en Chine 1,6, en Corée du Sud 1,27. Et en Europe, tous les pays sont au-dessous de 2 enfants par femme. L'Italie et l'Allemagne affichent seulement 1,4, contre autour de 1,9 pour l'Irlande et la France.

D'ailleurs, la faiblesse de ces taux de natalité a conduit certains pays à s'alerter de la décroissance attendue de leur population, en l'absence d'immigration. Pour l'éviter, ces nations mettent en place des politiques incitant les femmes à avoir plus d'enfants. Ainsi, Singapour accorde une prime aux femmes qui font un enfant, et le gouvernement a même ajouté en 2021 une prime spéciale Covid pour rassurer les futurs parents sur leur avenir financier.

Vers quel futur nous amènent ces transitions en cascade, qui se réalisent aux quatre coins de la planète ? Les projections démographiques s'accordent toutes sur une croissance de la population humaine qui durera encore 30 ans, grimpant jusqu'à 9, voire 10 ou 11 milliards d'humains. Ensuite, certains démographes prédisent une décroissance de la population humaine. Tous les pays auraient alors terminé leur transition, et nous devrions commencer à être moins nombreux sur la planète. Ce qui ne dit rien de la pression que nous exercerons alors sur l'environnement.

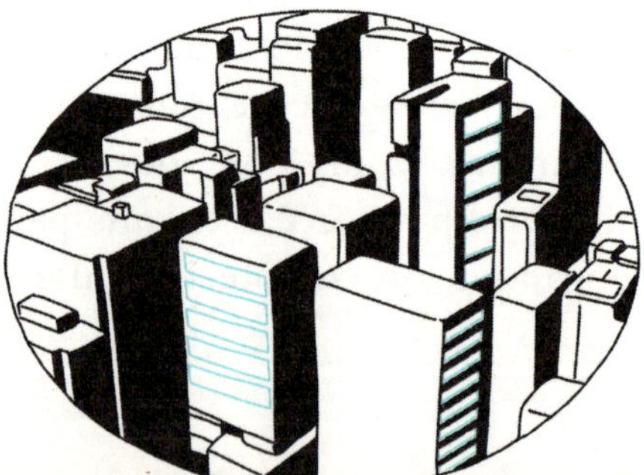

les grandes épidé- mies se lisent dans nos gènes

L'ADN ouvre une lucarne vers les grands fléaux ayant frappé l'humanité dans son passé lointain, comme la tuberculose.

L'ADN est peut-être l'encyclopédie de nos origines, c'est aussi un livre d'histoire médicale. S'y nichent notamment de précieuses informations sur les pandémies qui ont terrassé les humains par le passé. La crise du Covid a jeté une lumière crue sur les épidémies aux millions de morts des deux derniers millénaires, comme la peste et la grippe espagnole, mais il existe une maladie infectieuse au bilan encore plus lourd : la tuberculose. Un milliard de personnes en sont mortes au cours de notre ère, d'après les estimations. Quand est-elle devenue un fléau pour l'Homme ? Vos gènes renferment la réponse.

Comment notre ADN éclaire-t-il l'histoire de la tuberculose ? Le témoin de nos démêlés avec la calamité porte le doux nom de TYK2. Il s'agit d'un gène dont une mutation rend son porteur hypersusceptible à la tuberculose, avec un risque de mortalité extrêmement élevé. Plus précisément, pour devenir une cible privilégiée du mal, il faut recevoir la mutation de ses deux parents, de son père comme de sa mère. Or une équipe de chercheurs a eu l'idée de regarder comment la fréquence de cette mutation a évolué au cours de l'histoire.

Les chercheurs n'ont pas eu besoin de prélever de nouveaux échantillons. Ils ont réanalysé les données d'ADN anciens disponibles en Europe, extraits d'ossements d'individus ayant vécu de – 10 000 ans à nos jours. Ce faisant, ils ont retracé la suite d'incessantes péripéties dont cette mutation a été l'actrice. Tout a commencé il y a 30 000 ans, avec l'apparition de la mutation spontanée dans le génome. Ensuite, pendant plusieurs millénaires jusqu'à il y a environ 3 000 ans, elle se répand au hasard des migrations des populations, ne procurant ni avantage ni désavantage. Elle finit par atteindre des fréquences assez élevées (près de 10 % des individus en sont porteurs à l'âge du Bronze moyen), sans qu'on ne décèle encore de trace de la maladie sur les ossements de ces porteurs. Le pistolet est armé, mais ne tire pas encore.

L'agent de la tuberculose appuie sur la détente il y a 3 000 ans. La maladie causée par la bactérie *Mycobacterium tuberculosis* devient alors fréquente. Établi par l'archéologie, ce constat apparaît dans les données génétiques *via* une raréfaction brutale de la mutation parmi les populations. Dit autrement, la maladie frappe si fort qu'elle tue ses hôtes sans leur laisser le temps de transmettre la mutation. Celle-ci a continué à régresser (signe que les porteurs en mouraient) jusqu'à atteindre un minimum vers l'âge du Fer, il y a environ 2 000 ans.

Cette chronologie des événements interroge : mais que s'est-il passé de particulier durant toute cette période ? Pourquoi nos ancêtres ont-ils soudain subi les foudres mortelles de la bactérie, alors qu'elle les avait épargnés jusque-là ? Aurait-elle elle aussi muté pour acquérir un aspect plus délétère ? Ou quelque chose aurait-il changé dans le mode de vie des humains qui aurait facilité ses agissements ?

La réponse pioche dans les deux hypothèses. Il y a 10 millénaires environ, l'habitat se densifie, et la tuberculose trouve une sorte de réservoir dans les populations humaines plus fournies, qui vivent en proximité plus forte avec les animaux domestiques. *Mycobacterium tuberculosis* a manifestement profité de cette promiscuité avec les animaux d'élevage pour envahir les populations humaines et aussi, en retour, contaminer les animaux domestiques. On s'attendrait donc que, dès cette époque, la tuberculose tue à grande échelle. De fait, on trouve les premières traces de tuberculose dans des squelettes datés d'il y a environ 10 000 ans, au début de l'agriculture, soit bien avant les meurtres en série perpétrés par la bactérie. Celle-ci aurait en fait muté : la forme tueuse de la tuberculose est plus récente, elle remonte autour de – 3 000 ans. Changements sociétaux et évolution de l'agent pathogène se sont donc bien conjugués pour engendrer un enfant terrible. La tuberculose aurait tué au cours des deux millénaires qui ont suivi plusieurs millions de personnes en Europe.

Aujourd'hui, la maladie a quasi été éradiquée, mais la mutation qui nous rend fragiles vis-à-vis d'elle n'a pas totalement disparu. Par exemple, environ un Britannique sur 600 la porte en double copie et serait particulièrement exposé si la tuberculose redevenait fréquente. L'histoire tumul-*tueuse* de nos liens avec la tuberculose montre combien les maladies infectieuses ont marqué l'évolution humaine. Nous sommes les descendants d'individus ayant survécu à de nombreux pathogènes, ceux qui sont passés à travers les épidémies du passé.

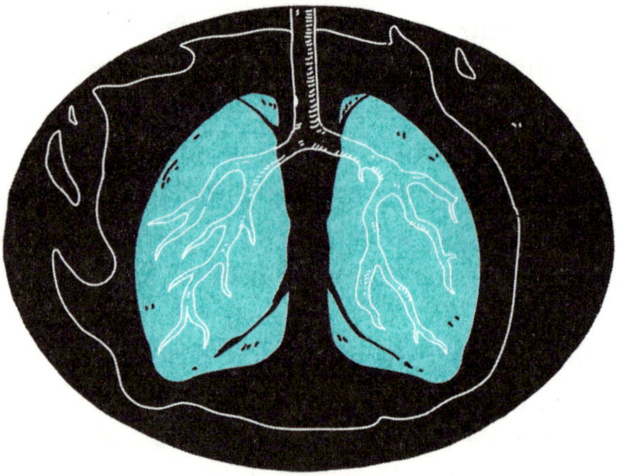

Ques-
tion
de
taille

Du Groenland à l'Australie, la taille des hommes varie beaucoup. Cette disparité puise son origine dans l'alimentation et la sélection naturelle.

L'homme le plus grand du monde s'appelait Robert Wadlow et mesurait 2,72 m. Il vivait aux États-Unis dans la première moitié du xxe siècle. Comme souvent pour les personnes extrêmement grandes, il devait son gigantisme à un dérèglement de l'hypophyse, la glande qui sécrète les hormones de croissance. Une étude parue en 2001 attribue aux Néerlandais le costume XXL de la planète : la taille moyenne des hommes s'y élève à 1,84 m et celle des femmes à 1,70 m. Suivent dans un mouchoir de poche L'Estonie, la Lettonie, puis le Danemark.

De façon générale, les pays du nord de l'Europe sont ceux où on a le plus de mal à toucher le bout de ses orteils. Pourquoi ? Les populations nordiques bénéficieraient-elles d'un avantage génétique ? Plusieurs facteurs influencent la taille, d'égale importance. Tout d'abord, l'environnement sanitaire dans lequel vous grandissez : il s'agit d'être bien nourri et d'échapper à des infections infantiles ayant tendance à retarder la croissance. En Europe, l'amélioration des conditions de santé au siècle dernier a fait bondir la taille des populations d'un peu plus d'une dizaine de centimètres. Même cause, mêmes effets pour les championnes du monde de l'accroissement de taille : les Coréennes du Sud ont gagné 20 cm en 100 ans !

Dès lors, pourquoi dans les pays riches, où les enfants sont bien soignés, subsiste-t-il des écarts de taille ? Réponse : à cause des gènes. Votre taille est liée à celle de vos parents. S'ils dépassaient d'une tête leurs camarades à l'école, vous vous distinguerez sur la photo de classe. Votre hauteur sous la toise dépend d'une foule de gènes. Les dernières études génétiques réalisées sur les Anglais ont décelé des milliers de lettres dans le génome qui prédisent, en partie, si un individu sera petit ou grand. Ce « score génétique » s'est toutefois révélé un mauvais facteur prédictif dans d'autres régions du monde. Notamment sur les populations africaines, qui sont « prédites » systématiquement plus petites que les populations européennes et la plupart des populations asiatiques. L'explication ? Une bonne partie des facteurs génétiques impliqués dans la taille diffèrent selon les populations.

Pays-Bas 1,84 m, France 1,78 m, Taïwan 1,73 m : la taille moyenne masculine fait le grand écart d'un bout à l'autre du globe, chez les nations riches aisées, pourquoi ? En raison de l'histoire de notre espèce. Notamment après la sortie d'Afrique de Sapiens et sa division en plusieurs populations, nous nous sommes tous adaptés à des climats variés : chauds ou froids, humides ou secs. La sélection naturelle explique ainsi certaines différences de taille des populations : s'il fait froid, mieux vaut ne pas être trop grand ou costaud pour garder au mieux la chaleur. Un volume de graisse plus important pour produire la chaleur, et moins de surface pour limiter les déperditions constituent des avantages certains. Cette règle explique la silhouette ramassée des Inuits et des Sibériens du Grand Nord. À l'inverse, dans les endroits chauds et secs, il est préférable d'être grand et longiligne, avec des membres longs pour mieux évacuer la chaleur par la peau, comme les Massaïs en Afrique.

Entendu, mais pourquoi les Européens du Nord sont-ils si grands ? Ce n'est pour le coup pas une question de climat. Ils ne vivent pas vraiment dans des pays chauds où il faudrait éliminer la chaleur. Mais ils n'habitent pas non plus des environnements glacés où un profil courtaud les aurait favorisés. Leur place sur le haut du podium serait plutôt due à une sélection sexuelle très prononcée : les hommes plus grands se sont mieux reproduits… car ils avaient la préférence des femmes. Dans le Nord, depuis longtemps, les femmes préfèrent les plus grands hommes ! C'est vrai dans toutes les populations humaines, mais cela aurait été encore plus prononcé dans ces populations du nord de l'Europe. Et vous, quelle est votre préférence (inconsciente ou non, d'ailleurs) ?

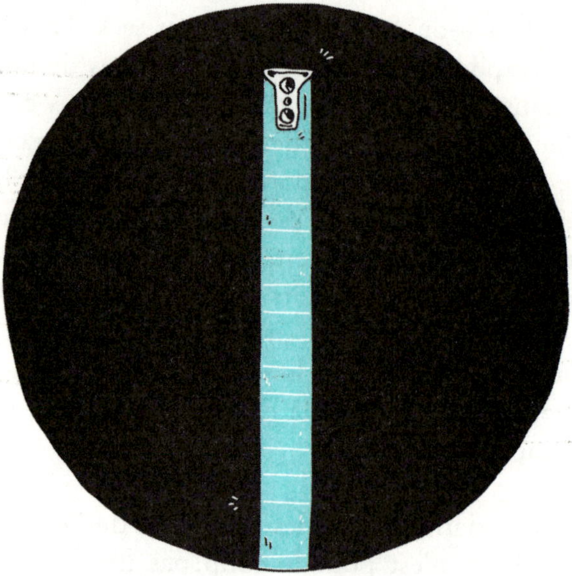

Et main-tenant ?

la grande aventure du dé- cryptage de l'ADN

Il y a vingt ans, l'annonce du décryptage de l'ADN humain faisait la une des journaux. Quelles leçons cette formidable découverte nous a-t-elle enseignées ?

L'air solennel, le président des États-Unis Bill Clinton s'avance vers le pupitre de la conférence de presse, sous les applaudissements des nombreux invités. La musique enjouée d'une fanfare emplit la salle de la Maison-Blanche. Le ton victorieux du discours que le chef d'État prononce, les acclamations nourries : tout dans l'événement rappelle les grandes heures de la conquête spatiale américaine. Mais ce n'était pas l'infiniment grand qu'on célébrait ce 26 juin 2000, bien au contraire. Bill Clinton était là pour annoncer le décryptage du génome humain. Le génie humain explorait ses propres fondations génétiques.

Après l'émoi médiatique, 7 mois s'écouleront avant que les recherches ne se traduisent par la publication en bonne et due forme d'articles scientifiques, en février 2001. Qu'est-ce qui se cache sous le terme mathématique de décryptage, d'ordinaire réservé aux communications secrètes ? Réponse : l'ADN est lui aussi un code, une sorte d'alphabet dans lequel sont écrites les instructions pour bâtir tous les êtres vivants. Cet alphabet se résume à 4 lettres : A, C, T, G. Un ADN humain est constitué de 3 milliards de ces lettres. C'est cette suite qui sera publiée. Le résultat de plus de 10 ans de travail par des centaines de chercheurs du monde entier, le « Human Genome Project ». Mais cette première publication n'était qu'un brouillon.

Pourquoi un brouillon ? Parce que, parallèlement à cet effort public, la compagnie privée Celera Genomics s'apprêtait à publier elle aussi une première version du génome humain, avec comme objectif de s'en accaparer la propriété. Bien que s'étant lancée dans l'aventure 3 ans auparavant, la société avait vite rattrapé son retard grâce au développement de robots de séquençage, mais aussi en s'aidant de travaux du consortium d'État qui rendait régulièrement publiques ses avancées. L'affaire causa un tel scandale que le président Bill Clinton intervint pour réaffirmer la qualité universelle du génome humain. Un bien commun ne pouvant être privatisé.

Un compromis fut trouvé pour satisfaire les deux parties : la publication le même jour de deux articles, l'un par le public, l'autre par le privé, rendant compte des résultats dans ses grandes lignes. Une version plus « propre » ne sera diffusée que 2 ans plus tard, en 2003. Devenue le génome de référence, cette forme « finale » aura au final coûté plus de 2 milliards de dollars !

Quelle découverte inattendue a réservé le décryptage du génome ? Le nombre de gènes dans l'ADN humain a été une surprise totale. Les gènes sont les plans de construction des protéines, des molécules qui sont les chevilles ouvrières de toute la machinerie cellulaire. Les chercheurs s'attendaient à exhumer au moins 100 000 gènes de nos cellules. Un an avant, le génome de la drosophile – la mouche des généticiens – avait été publié, affichant une suite de lettres mille fois plus petite : moins de 2 millions, au sein desquelles 13 000 gènes avaient été identifiés. L'humain est bien plus complexe que la mouche, non ? Le nombre de nos gènes devrait être à la mesure de cette supériorité. En réalité, les généticiens n'ont mis la main que sur environ 20 000 gènes. Autrement dit, en termes d'ADN, l'être humain est à peine mieux loti qu'une mouche !

Depuis 2003, quelles grandes avancées en génomique ont été réalisées ? Elles portent sur l'ADN non codant. Car l'ensemble des gènes ne forme en réalité que 2 % de notre ADN. L'essentiel du travail a donc été de comprendre à quoi peut bien servir le reste du génome, ce que l'on appelait jadis l'ADN poubelle, ou *junk DNA* en anglais. Aujourd'hui, on sait qu'une partie de cet ADN jugé superflu sert en fait à la régulation de l'expression de ces gènes : ce sont ces parties qui contrôlent quel gène est lu, à quel moment il s'exprime… L'autre enseignement fort est qu'un même gène est impliqué dans plusieurs fonctions, que les gènes fonctionnent en réseau pour une tâche donnée, et que des bouts de génome qui ne sont pas des gènes, donc qui ne codent pas, interviennent dans ces réseaux… Par exemple, plus de 3 000 fragments de génome contribuent à la taille d'un individu !

Plus de 20 ans ont passé depuis que les flashs ont crépité devant Bill Clinton. Autant dire une éternité à l'échelle de temps de la génomique. Le séquençage complet d'un ADN humain coûte maintenant 1 000 € ! Pour quelques dizaines d'euros, on peut envoyer un échantillon de salive à des sociétés de généalogie génétique afin de mieux connaître ses origines. Au-delà de cette application ludique, séquencer son génome permet d'identifier certaines mutations, connues pour être impliquées dans des maladies. Il est utilisé en médecine légale pour retrouver des criminels, il permet de suivre l'évolution des tumeurs cancéreuses, il retrace si vous êtes porteur de divers virus, etc. Quand aurons-nous un analyseur d'ADN au poignet, dans nos montres connectées ?

le faux détermi-nisme de l'intelli-gence

Longtemps, on a cru l'intelligence en partie sous le contrôle des gènes. Aujourd'hui, les généticiens l'affirment : nos aptitudes intellectuelles découlent essentiellement de notre éducation.

Le quotient intellectuel est plus que jamais sous le feu des projecteurs. Dans la série de télévision *HPI*, une femme de ménage à l'intelligence supérieure voit son quotidien bouleversé quand la police prend conscience de ses talents et l'embauche comme consultante. Sur les rayons des librairies se bousculent les livres dédiés aux individus déclarés « haut potentiel », qui possèdent un QI supérieur à 130. À l'école, de plus en plus de parents s'inquiètent de savoir si les difficultés scolaires de leur enfant ne cacheraient pas une intelligence précoce. Une aura à la fois lumineuse et noire entoure l'intelligence.

En génétique aussi, la question de l'intelligence fascine. Il faut dire qu'elle réveille le vieux débat sur l'inné et l'acquis : les capacités intellectuelles sont-elles gravées dans nos gènes ou bien le fruit de l'éducation ? Les jusqu'au-boutistes de la querelle prétendent que les différences d'intelligence, qu'elles soient mesurées par le QI ou par le nombre d'années d'études, dépendraient en majorité de nos gènes, bref que l'on pourrait prédire les capacités intellectuelles d'un individu par son ADN, voire que l'éducation n'y changerait pas grand-chose. Si les données confirmaient cette position tranchée, ce serait un message guère optimiste envoyé au système scolaire…

Qu'en dit la science exactement ? Nos performances intellectuelles nous sont-elles attribuées à la naissance, par de petites fées penchées sur notre berceau ? Pour le savoir, les premiers généticiens à s'intéresser au problème ont cherché des corrélations, sur le plan de l'intelligence, entre des personnes apparentées génétiquement. Dans le jargon scientifique, l'héritabilité désigne la part qui revient à la génétique dans la transmission de traits entre parents et enfants. Par exemple, l'héritabilité de la taille est de 80 % : un enfant aux parents grands aura plus de chances d'être lui aussi de haute stature. Alors, quelle est l'héritabilité du QI ? Seulement 17 % ! C'est peu. Deux personnes à haut potentiel qui sont mariées ont à peine plus de chances d'avoir un enfant à haut potentiel que n'importe quel autre couple.

Ce taux de 17 % est bien plus bas que les premiers calculs, qui évoquaient une valeur autour de 40 %. En fait, ces données ne tenaient pas compte de ce que les apparentés ne partagent pas seulement leurs gènes, mais aussi leur environnement. Or on sait bien que le cerveau est constamment modelé par le milieu dans lequel on vit, qu'il évolue grâce au phénomène de plasticité neuronale.

Des études d'ADN ont récemment complété ces travaux. Elles ont observé directement les variations génétiques qui évoluent avec le QI. Une tâche plus ardue qu'il n'y paraît : l'intelligence est un caractère complexe (au sens génétique), et comparer les aptitudes entre des individus revient à analyser des milliers de petites différences dans l'ADN. Détecter ces microdifférences exige donc de les chercher sur de très grands échantillons. Plutôt que d'utiliser le QI, qui est délicat à mesurer sur de vastes cohortes d'individus, les chercheurs ont pris comme approximation le nombre d'années d'études, un paramètre bien renseigné dans des larges bases de données génétiques. Le bilan ? Une analyse réalisée sur plus d'un million d'individus. Elle montre que la génétique d'un individu explique environ 11 % de la variation du nombre d'années d'études. Pour comparaison, le niveau scolaire des parents en explique quasiment le double.

Toutes ces recherches pointent dans la même direction : l'intelligence dépend peu de la génétique. Mais qu'est-ce que ce « peu » permet de prédire ? La difficulté est de passer de la génétique au déterminisme. En fait, la part génétique d'un trait ne dit rien du déterminisme. En voici un exemple simple : une maladie, la phénylcétonurie, entraîne des retards de développement intellectuel et des désordres mentaux. Elle est causée par une seule mutation bien connue. La part de la génétique dans cette maladie est de 100 %. Pourtant, une alimentation pauvre en alanine suffit à éviter l'apparition de cette pathologie. Ainsi, une maladie à 100 % génétique est aussi à 100 % dépendante de l'environnement.

Dans le champ de l'intelligence, ou du moins de la réussite scolaire, si la génétique a bien de l'influence, ce résultat informe peu sur le déterminisme génétique. Et il faut savoir raison garder. Il existe dans le génome, non pas une, mais environ 1 000 variations génétiques influençant le niveau d'études, et chacune d'entre elles explique en moyenne des différences de seulement une semaine d'étude sur plus de 15 ans d'école !

Bref, on est loin de pouvoir prédire avec l'ADN les résultats scolaires d'un individu ! Certes, l'intelligence est en partie déterminée génétiquement, mais à un niveau très modéré. Il n'existe pas de « gènes de l'intelligence ». Pour l'essentiel, nos performances intellectuelles découlent des stimuli qui affectent notre cerveau après la naissance. Personne ne naît en sachant résoudre le Rubik's Cube.

Le boom des jumeaux

Les faux jumeaux sont de plus en plus nombreux. L'explication principale ? Le recours grandissant aux méthodes d'aide à la procréation.

L'imaginaire collectif est riche en histoires de jumeaux séparés à la naissance qui, des années plus tard, révèlent d'étonnants points communs : ils portent la même coupe de cheveux, les mêmes vêtements, conduisent la même voiture, sont mariés tous les deux à une femme au même prénom… Ces anecdotes se multiplieront-elles à l'avenir ? Une étude internationale, menée par un chercheur français du Musée de l'Homme de Paris, pose indirectement la question. Cherchant à savoir si le taux de gémellité était stable dans le temps, les chercheurs ont récolté des données dans 165 pays du monde. Leur résultat est clair : nous vivons actuellement un boom des naissances des jumeaux. Il y a quatre décennies, la fréquence d'apparition des jumeaux s'établissait à un nouveau-né sur 60, alors qu'elle a grimpé à un bébé sur 40 aujourd'hui.

Il faut préciser que les chercheurs de cette étude se sont intéressés aux faux jumeaux. Les faux jumeaux (aussi appelés dizygotes) sont issus de deux œufs différents, fécondés dans le ventre de la mère en même temps. Mis côte à côte, ils se ressemblent et se distinguent tout autant que des frères et sœurs. Pour quelle raison les faux jumeaux peuplent-ils donc plus souvent les couffins des maternités ? D'abord, l'ovulation est stimulée par les aides médicales à la procréation, ainsi que par les FIV (fécondation in vitro) où on implante plusieurs embryons en même temps. Cela favorise donc des conditions où plusieurs embryons vont se développer simultanément.

Ensuite, un âge plus élevé des mères à la naissance augmente la probabilité de faux jumeaux. Or les femmes ont tendance à avoir des enfants plus tardivement, surtout en Occident. De plus, en dehors du contexte médical, le taux de faux jumeaux est naturellement très variable selon les populations : très élevé dans certains pays d'Afrique, mais faible au Japon. L'hérédité ajoute à cette complexité, car la gémellité de faux jumeaux se transmet en partie de mère à fille. Autrement dit, hors médecine, il existe des familles et des populations humaines à faux jumeaux !

Et les vrais jumeaux ? Les vrais jumeaux (ou monozygotes) proviennent d'un même œuf qui s'est dédoublé.

Leur proportion évolue-t-elle dans le temps et l'espace ? Non : le taux de vrais jumeaux est identique pour toutes les populations humaines et même chez tous les mammifères, comme une propriété intrinsèque de l'œuf : environ 4 ‰, soit une paire de jumeaux pour 250 naissances. Et cette fréquence n'a pas bougé récemment.

Les vrais jumeaux ont le même ADN… à quelques différences près : environ 5 mutations les séparent. C'est infime, quand on se souvient que notre ADN contient 3 milliards de lettres. Ces petites différences ont été utiles pour déterminer dans des histoires criminelles lequel des vrais jumeaux était le coupable. Elles ne les empêchent pas de se ressembler physiquement. Quant à savoir si les anecdotes incroyables concernant les couples de jumeaux séparés à la naissance sont vraies, c'est plus compliqué. Lorsqu'ils se retrouvent, les vrais jumeaux ayant des goûts et des hobbies proches survendent souvent leurs similarités. Et personne n'entend parler des vrais jumeaux aux préférences distinctes, alors qu'ils sont légion !

Peut-être avons-nous aussi envie de croire à ces histoires, tant les jumeaux nous fascinent depuis longtemps. Des mythes fondateurs de civilisations antiques mettent en scène des jumeaux : Castor et Pollux, Remus et Romulus. De nombreuses sociétés leur réservent des rituels spéciaux lors d'un décès, pour accompagner le jumeau survivant ou honorer le mort. De telles pratiques sont fréquentes dans les pays sans système de santé, où le risque de mortalité d'un des jumeaux avant un an est important.

Des recherches récentes montrent que cette attention quasi mystique accordée aux jumeaux est encore plus ancienne. Dans le site archéologique de Krems-Wachtberg, en Autriche, on a exhumé les plus anciens squelettes de jumeaux, datant de 30 000 ans. L'un est décédé à la naissance, l'autre plus tard, à cinquante jours. Pourtant, ces deux vrais jumeaux sont enterrés dans la même sépulture. Les hommes préhistoriques ont donc rouvert la tombe pour y loger la seconde dépouille, signe indubitable d'un traitement de faveur.

Une chose est sûre : les histoires fantastiques de vrais jumeaux, de clones dans la nature, ne se multiplieront peut-être pas à l'avenir, mais elles ne sont pas près de se tarir.

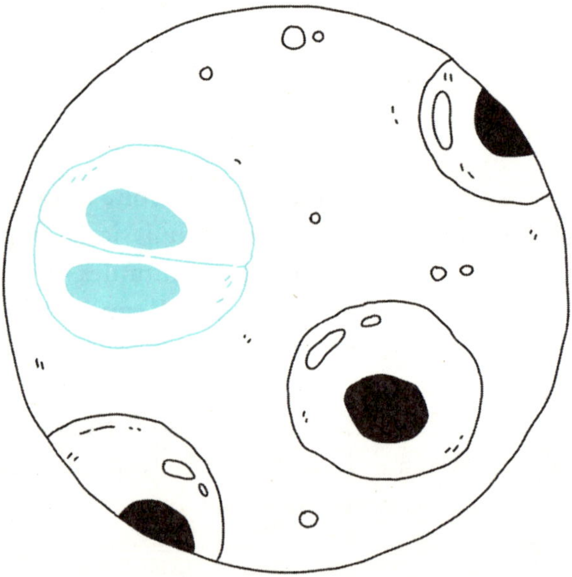

des archives géné- tiques dans la terre

En extrayant de l'ADN des sédiments prélevés dans les grottes préhistoriques, les paléogénéticiens consultent des archives auparavant inaccessibles et résolvent des mystères.

Comment continuer à raconter la grande aventure de l'humanité quand la source en restes humains s'est tarie ? Nous avons déjà fait la connaissance dans un chapitre précédent avec la grotte de Denisova, cette cavité des monts de l'Altaï, en Sibérie, qui a livré les premières traces d'une espèce humaine disparue il y a 35 000 ans. Pour établir le portrait-robot de cette branche inédite de notre arbre généalogique, les préhistoriens n'avaient à disposition qu'une poignée de vestiges : une phalange et deux dents, et c'était tout. Une bien maigre récolte qui, même mise en relation avec d'autres restes exhumés sur place, obligeait à rester muet sur des questions pourtant essentielles : quand a commencé le règne de l'Homme de Denisova ? À quelle date s'est-il éteint ? A-t-il fréquenté Sapiens en Sibérie ?

C'était avant une petite révolution qui a secoué le milieu de la paléontologie. Désormais, les préhistoriens savent faire parler des archives fossiles passées complètement sous le radar jusque-là. Ce nouvel apport décuple potentiellement les données livrées par un site. Cette mine d'informations ? L'ADN sédimentaire. En un mot, l'ADN mêlé à la terre qui recouvre les sols. En 2021, dans un article paru dans la revue *Nature*, les chercheurs du Max-Planck en Allemagne, conjointement avec l'équipe de la branche sibérienne de l'Académie des sciences russe, ont présenté une analyse des sédiments de la grotte de Denisova. Et leurs découvertes sont éloquentes.

En pratique, les scientifiques ont prélevé presque 800 échantillons du sol de cette grotte dont l'âge géologique s'échelonnait sur une période de 300 000 ans. Ils ont ensuite fouillé avec des techniques moléculaires l'ADN présent dans ces échantillons. Les machines n'ont repéré que de minuscules fragments d'ADN, mais ceux-ci ont suffi pour reconstituer la chronologie d'occupation des lieux. Une exceptionnelle fenêtre ouverte sur le passé, en l'absence totale de trace matérielle.

Les chercheurs ont identifié plusieurs séquences. Durant la plus ancienne, de 250 000 à 170 000 ans, seul Denisova est présent sur le site ; puis le climat se refroidit et arrive Néandertal. On savait que tous les deux avaient vécu dans cette grotte et même qu'ils s'étaient croisés génétiquement, grâce au squelette mis au jour sur place d'une fille issue d'une mère Néandertal et d'un père

Denisova. À présent, grâce à l'ADN sédimentaire, on sait que les deux espèces se sont côtoyées pendant plusieurs dizaines de millénaires. De façon surprenante, la grotte a été délaissée par Denisova dans la période plus chaude qui a suivi, entre 130 000 et 100 000 ans, tandis que Néandertal restait le seul occupant. Enfin, Denisova est revenu avant de disparaître définitivement de cette grotte, il y a environ 50 000 ans.

Ce n'est pas tout. Grâce à leur approche originale, les préhistoriens ont daté la première trace d'hommes modernes dans la grotte : –45 000 ans. Cette époque est marquée par l'apparition d'objets plus diversifiés, notamment des parures et des bijoux. Jusqu'à cette étude, on ignorait qui, de Néandertal, Denisova ou l'Homme moderne, avait bien pu les produire. La réponse est maintenant nette : ce sont bien des Hommes modernes qui sont à l'origine de ces innovations. Outre l'ADN de ces différents humains, l'ADN d'animaux a été exhumé : de l'ours des cavernes, remplacé ensuite par des ours bruns, ainsi que différentes hyènes des cavernes.

Impressionnant : cette nouvelle technique détaille toute l'occupation d'un site majeur sur presque 300 000 ans. Un bémol : l'ADN des individus étant morcelé, il résiste aux analyses plus poussées, notamment aux études d'apparentement et de migrations. Pour cela, il faut encore chercher l'ADN dans les restes humains. En tout cas, la communauté des préhistoriens a hâte que cette technique soit étendue à d'autres sites, de façon à dresser une sorte de carte dans le temps et dans l'espace de ces trois humanités : Néandertal, Denisova et Sapiens. Nos ancêtres ont côtoyé ces deux cousins pendant plusieurs dizaines de milliers d'années avant qu'ils ne disparaissent. À quel rythme se sont noués ces contacts ? Avons-nous contribué à leur extinction ? L'argile du sol renferme peut-être des réponses.

cerveau néan-dertalien vs cerveau sapiens

Seule une poignée de gènes distinguent Néandertal de Sapiens. Quelles conséquences cet écart minime a-t-il eu ? Selon une étude récente, il aurait entraîné un développement du cerveau différent chez nos cousins disparus.

Et si Néandertal n'avait pas disparu ? Et s'il continuait de vivre sur une Terre habitée par deux espèces humaines au lieu d'une seule ? Ce scénario uchronique, c'est-à-dire qui explore un passé alternatif, a été mis en scène en 2022 dans une fiction radiophonique de France Culture intitulée « Les Hauts Plateaux de Xanadu ». Pour l'écrire, les auteurs ont dû se glisser dans la peau de Néandertaliens, imaginer comment il réfléchissait. Mais la science aurait-elle pu leur servir de *script doctor*, de conseiller en scénario ? Autrement dit, nous aide-t-elle à comprendre le psychisme de Néandertal ? Plusieurs millions de mutations distinguent les deux espèces, mais comment comprendre ce qui fait foncièrement de nous un Sapiens plutôt qu'un Néandertal ?

Des chercheurs se sont penchés sur la question en s'intéressant à une catégorie de gènes, ceux dont Néandertal a une forme, un code, dont il est le détenteur exclusif. On compte environ 60 de tels gènes, dits spécifiques de lignée, ce qui est peu par rapport aux 20 000 gènes de notre génome (Néandertal possède le même nombre de gènes que nous). Il est vrai que les deux lignées ne se sont séparées qu'il y a 600 000 ans, une broutille à l'échelle de l'évolution ! Les spécificités mentales de Néandertal découlent-elles de ce fossé de 60 gènes ? Nous savons aujourd'hui que Néandertal avait une intelligence vive, mais différente de la nôtre. Il bénéficiait également d'un aussi gros cerveau que le nôtre, voire davantage. Il enterrait ses morts, avait développé une culture symbolique, comme l'attestent des parures en coquillages. Il maîtrisait le feu, chassait en groupe, fabriquait des outils sophistiqués. En revanche, il n'a jamais peint les merveilles de Lascaux, n'a jamais véritablement sculpté et n'a pas développé les technologies d'outillages élaborées de Sapiens. Le psychisme de Néandertal ? À la fois si proche et si lointain de nous.

Où ces particularités mentales se nichent-elles dans le cerveau ? C'est ce qu'ont voulu savoir des chercheurs de l'université de Californie, grâce à la technique des ciseaux moléculaires CRISPR récemment salués par un prix Nobel. Sorte de couteau suisse moléculaire, cet outil permet de modifier très précisément l'ADN d'une cellule pour y changer de façon chirurgicale une ou plusieurs lettres. En pratique, les généticiens ont ciblé l'ADN de cellules humaines au niveau d'un gène (NOVA1) connu pour réguler les premiers stades du développement du cerveau (des raisons pratiques motivaient aussi ce choix, car, parmi les 60 gènes spécifiques des deux lignées, celui-ci ne diffère que par une seule mutation). Ils y ont induit une mutation afin que le gène se transforme en la version que portait Néandertal.

Menée sur un amas de cellules mises en culture, l'opération a abouti à la formation d'un « organoïde », une version brouillonne et en miniature de ce à quoi a pu ressembler le cerveau de Néandertal. Quand le fonctionnement de ce miniencéphale a été testé, les résultats ont été impressionnants. Les connexions des synapses (les « ponts chimiques » entre neurones, dont l'efficacité influence l'intelligence et la mémoire) se sont révélées uniques : elles mettent en jeu des protéines différentes. Les échanges électriques entre cellules se sont développés plus tôt, mais avaient en revanche du mal à se synchroniser. Même la structure générale différait légèrement ! En définitive, c'était comme si les chercheurs avaient devant eux un organe venu d'ailleurs.

Ces singularités sont autant de pistes pour mieux saisir pourquoi Néandertal pensait autrement que nous. Cette exploration, qui frôle la science-fiction, n'est qu'une toute première étape, un fossé séparant ces organoïdes et un cerveau complet. Il n'empêche : il est fascinant d'observer qu'une seule mutation est capable d'entraîner de tels changements. Autre limite de l'exercice : les gènes ne fonctionnent jamais seuls, mais en réseau. Il faudrait certainement modifier simultanément plusieurs gènes pour bien comprendre les différences qui distinguent notre cerveau de celui de Néandertal. D'ailleurs, l'équipe de Californie s'est dite prête maintenant à tester un par un les 60 gènes spécifiques de Néandertal. J'ai hâte d'en connaître les résultats. D'ores et déjà, ces expériences montrent bien comment les hasards de l'évolution, par le biais d'une seule petite mutation, ont entraîné des changements importants et participé à l'émergence d'humanités différentes !

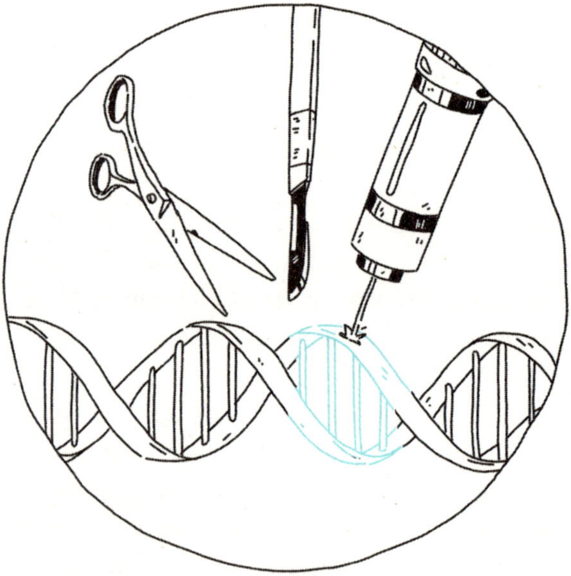

Néan-dertal parlait-il ?

L'organisation de ses sociétés, la génétique, les études anatomiques : tout plaide en faveur de l'existence d'un langage chez notre cousin disparu.

Durant l'été 2000, alors qu'ils effectuaient des fouilles préventives avant la construction d'une station d'épuration au nord de Poitiers, des archéologues observèrent dans la terre une série de trous disposés en rond : les vestiges d'un campement néandertalien. L'aménagement devait ressembler à un grand coupe-vent, fait de peaux et de branchages fixés par des piquets. Daté à –60 000 ans, le site offre une lucarne vers le quotidien de ces hommes, avec plusieurs espaces de vie identifiés : un foyer, un lieu pour dormir et une zone de travail des silex. Ce plan méthodique, qui donne l'impression que les membres du clan communiquaient suffisamment bien entre eux pour s'organiser, pose la question du langage : Néandertal savait-il parler ?

Le langage, quand il n'est pas écrit, ne laisse évidemment aucune trace archéologique. La science a tout de même son mot à dire sur la question. Les études génétiques ont montré que Néandertal possédait le gène FOXP2, reconnu chez l'humain comme une des briques génétiques majeures du langage. Par ailleurs, contrairement aux grands singes, Néandertal possédait les traits anatomiques indispensables pour s'exprimer, comme les terminaisons nerveuses de la langue qui assurent la mobilité et la déformation qu'exigent la création des sons. Pour certains préhistoriens, ces faisceaux de preuve suggèrent fortement que Néandertal était doué de la parole.

En 2021, des chercheurs espagnols sont allés plus loin en annonçant que Néandertal savait produire des sons semblables aux nôtres. On avait déjà inscrit les voyelles au répertoire de vocalisation de notre cousin disparu (ce n'est pas difficile, la plupart des mammifères forment des voyelles ; pour rappel, une voyelle résulte d'un simple souffle dans la bouche). Or les consonnes sont nécessaires pour élaborer des mots plus complexes. Pour connaître les aptitudes de notre ancien cousin en la matière, les scientifiques ont scanné minutieusement des restes osseux intacts de l'oreille moyenne et externe de 5 Néandertaliens, datant de 130 000 à 50 000 ans. Ces structures anatomiques ont révélé la gamme des fréquences perceptibles pour ces hommes.

Comment cette bande passante se compare-t-elle à la nôtre ? Elle est très similaire à celle de Sapiens, tout en se distinguant nettement de celles d'ancêtres supposés des Néandertaliens qui vivaient il y a 430 000 ans sur le site de La Sima de los Huesos (le « gouffre aux ossements »), en Espagne. Autrement dit, Néandertal entendait une gamme de sons plus large que ses prédécesseurs : il percevait les mêmes aigus et graves que nous. Quel impact pour le langage ? Forts de la largeur de la bande passante, les auteurs affirment qu'il percevait les consonnes.

Selon eux, Néandertal entendait dans des gammes de sons où l'on perçoit les fricatives comme « f », « s », ou les occlusives « t » « k » « p ». Ces consonnes sont retrouvées dans 90 % des langues du monde. Leurs ondes sonores ne se propageant pas beaucoup dans l'air, elles sont utiles pour la communication rapprochée. Pourquoi Néandertal aurait-il été équipé d'une telle oreille s'il ne l'exploitait pas ? Selon l'équipe de chercheurs, si Néandertal percevait les consonnes, c'est certainement parce qu'il pouvait en produire. Voyelles plus consonnes : il aurait donc bien été capable de créer toutes les composantes du langage articulé.

Toutefois, les auteurs précisent que leur étude indique juste la capacité d'entendre et donc raisonnablement d'émettre certains sons. Produire de beaux sons ou des sons complexes n'est pas suffisant pour savoir parler. À ce jeu, les oiseaux sont bien meilleurs que nous ! L'originalité du langage humain provient de l'association de plusieurs phonèmes ou syllabes pour construire d'abord des mots, puis des phrases. La richesse de cette combinatoire est vraiment exclusive aux humains. Les chimpanzés à qui l'on a appris à utiliser des milliers de mots ne les conjuguent pas pour former de nouveaux mots. Ils savent toutefois faire quelques associations rudimentaires du type : « moi sortir cage », « moi jouer ballon ».

Le langage requiert des capacités cognitives idoines. Il ne suffit pas de posséder une flûte, encore faut-il disposer des circuits mentaux adéquats pour jouer un morceau. Finalement, c'est peut-être l'archéologie qui détient les preuves que Néandertal s'exprimait clairement avec la parole. Son peuple enterrait ses morts, se parait de coquillages, avait développé des techniques sophistiquées de chasse. Ainsi, la conjonction de ces capacités phonatoires avec cette intelligence permet raisonnablement d'en déduire qu'il parlait un langage. Lequel ? Seule l'imagination peut murmurer à nos oreilles… et conseiller les auteurs.

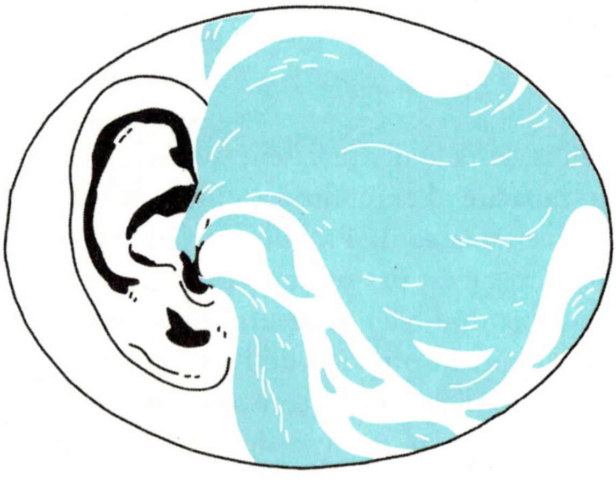

Existe-t-il des « races » humaines ?

La génétique réfute la notion de « races humaines ». L'apparence des humains ne dit absolument rien de leurs comportements, leur intelligence, tout ce qui les définit par ailleurs.

Il choque, heurte les sensibilités, renvoie aux pages sombres de l'histoire. Le mot « race » pourrait être chez nous, toutes proportions gardées, l'équivalent du *n-word* exécré par les Américains. N'empêche : le terme n'en figure pas moins dans l'article 1 de notre Constitution, qui pose que la France « assure l'égalité devant la loi de tous les citoyens sans distinction d'origine, de race ou de religion ». Des ministres et des parlementaires ont bien essayé de l'en rayer ces dernières années, mais le socle de notre République est une masse qu'on déplace difficilement. Et il faut dire que rendre tabou le mot race, tout en se prémunissant contre le racisme, relève de l'exercice d'équilibriste.

Mais que dit la science sur le sujet ? La notion de diversité génétique a tout simplement réfuté l'existence de « races » chez l'Homme. La diversité génétique ? Une mesure de l'éventail de variation de nos ADN. L'ADN est un grand livre composé de seulement 4 lettres, A, C, T, G. Chez Sapiens, ce livre est fait de 3 milliards de ces lettres, soit une encyclopédie de 600 000 pages tout de même ! Pour estimer la diversité des encyclopédies portée par la population mondiale, les généticiens alignent les ADN de deux individus et comptent le nombre de lettres qui les distinguent.

Dans notre espèce, cet écart est de 1 ‰ : deux personnes possèdent une lettre différente toutes les 1 000 lettres, soit 3 millions au total, en moyenne. Autrement dit, nous sommes tous identiques à 99,9 %. Notre variabilité est faible par rapport aux autres grands primates : les différentes populations de chimpanzés vivant en Afrique sont deux fois plus hétérogènes que nous, et les orangs-outans de l'île de Bornéo le sont trois fois plus. Ainsi, bien que nous soyons plus de 7 milliards répartis sur toute la planète, nous appartenons à une espèce de faible diversité génétique.

Si nos différences sont si minimes, d'où vient le nuancier infini de nos apparences ? Justement, c'est la leçon de la génétique : les apparences (physiques) sont trompeuses. Pour ne parler que de la couleur de peau, qui a été employée pour définir les races, si on compare un individu de couleur de peau d'ébène et un autre à la peau d'albâtre, seule une dizaine de différences génétiques expliquent ce contraste. Une dizaine parmi les 3 millions de différences entre deux humains, c'est ridiculement peu !

Ces gènes responsables du teint de la peau ne disent rien du comportement, de l'intelligence, de la résistance aux maladies… Et n'allez pas croire qu'il est possible d'établir des corrélations entre le reste du génome et ces courtes séquences d'ADN. Celles-ci ne reflètent pas non plus les différences génétiques moyennes entre deux individus. Par exemple, les aborigènes d'Australie de couleur de peau foncée sont plus proches génétiquement des populations du Laos, de couleur plus claire, que de populations de couleur foncée d'Afrique.

Nos différences d'apparence résultent d'adaptation dans le passé à l'ensoleillement et à l'alimentation. C'est le premier argument de la génétique pour contrer la notion de race. Une microscopique partie de nos différences codent pour notre physique, et seulement pour lui. Pour l'essentiel, c'est l'histoire du peuplement humain, fait de migrations et de mélanges, qui explique la variabilité génétique de notre espèce.

Cela ne signifie pas que la notion de race n'est pas un concept scientifique. Elle s'applique au sein de toutes les espèces qui possèdent des sous-groupes marqués génétiquement. Chez le chien, il existe ainsi de véritables races, car on a façonné celles-ci en sélectionnant des individus et en contrôlant leur reproduction. Par conséquent, un fossé génétique cinq à six fois plus large sépare les différentes races de chiens des populations humaines vivant sur des continents distincts. Bref, le concept de race est inadapté pour décrire la diversité de notre espèce !

Reste que la perception sociale de la « race » dans les sociétés perdure et que c'est contre les inégalités liées à cette perception que la Constitution entend vigoureusement nous protéger.

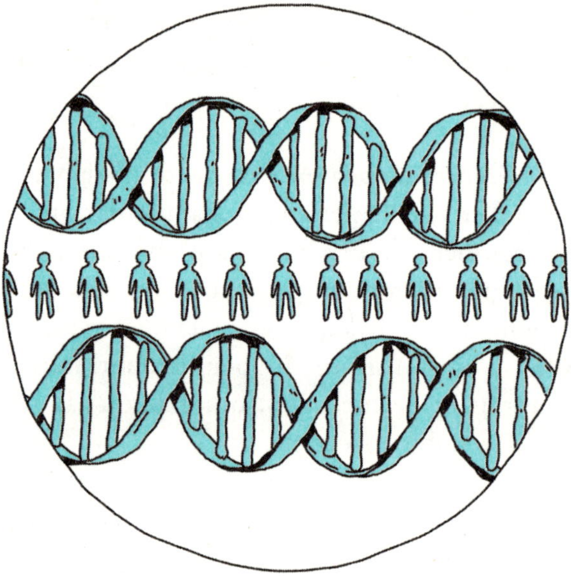

L'intel-ligence a-t-elle varié au XXe siècle ?

La croyance en une base génétique de l'intelligence a suscité d'horribles campagnes d'eugénisme au cours du XXe siècle. Mais deux questions demeurent : comment nos aptitudes intellectuelles sont-elles nées au cours de l'évolution ? Et ont-elles récemment décliné ?

Offrant davantage de configurations que d'atomes dans l'Univers, le go a longtemps été considéré comme le jeu le plus difficile qui existe. Aussi, quand la star du milieu Lee Sedol s'est installée en mars 2016 devant le *goban* pour affronter une intelligence artificielle, les chances étaient plutôt de son côté. Cinq matchs et quatre victoires plus tard, le programme AlphaGo conçu par la société DeepMind avait déjoué tous les pronostics, écornant au passage l'ego de l'espèce humaine. Une nouvelle fois, pourrait-on dire : 19 ans après la défaite de Garry Kasparov aux échecs face à une autre machine, nous écopions d'une seconde blessure narcissique.

La déroute de Lee Sedol signait-elle pour autant la suprématie définitive de l'intelligence artificielle sur la matière grise, si chère à Hercule Poirot ? Il suffit d'écouter les bourdes commises par les assistants vocaux de nos téléphones ou la difficulté à concevoir des voitures parfaitement autonomes pour répondre non. L'intelligence humaine a encore de beaux jours devant elle. Pour la spécialiste de l'histoire humaine que je suis, deux questions se posent : comment l'humain a-t-il acquis une intelligence hors norme dans le monde animal ? Et ses aptitudes intellectuelles déclinent-elles en ce moment, comme d'aucuns l'ont imaginé ?

Au cours des derniers millions d'années, l'évolution a nettement favorisé le développement de notre cerveau. Actuellement, deux théories complémentaires expliquent pourquoi nos facultés cognitives ont davantage progressé comparativement à nos cousins chimpanzés. La première est la théorie du cerveau écologique. Elle est fondée sur des études chez les primates : plus la nourriture est diversifiée et compliquée à obtenir, plus le cerveau est développé. Ainsi, les singes mangeant exclusivement des herbes ou du feuillage possèdent un cerveau plus simple que les frugivores.

Savoir où se trouvent les fruits, sur quels arbres ils sont mûrs à une période spécifique de l'année nécessite en effet de posséder une carte mentale élaborée. Chasser ou casser des noix est encore plus exigeant. L'invention d'outils a en outre pu accélérer l'évolution de notre cerveau, en enclenchant une boucle de rétroaction positive : en s'aidant d'objets, les anciens humains ont pu avoir accès à de la nourriture encore plus diversifiée qui, en retour, aurait favorisé un cerveau encore plus complexe, et donc de nouveaux outils.

La seconde grande théorie sur l'origine de l'intelligence est parfois qualifiée de « cerveau social ». Elle puise ses racines dans nos incessants rapports sociaux : pour s'établir, ces liens exigeraient une certaine complexité mentale. Cette approche part du postulat que, plus on vit dans un grand groupe social en entretenant des relations multiples, plus nos interactions sont riches et exigent des aptitudes cognitives. Ainsi, plus le groupe dans lequel on vit est grand, donc plus le nombre d'interactions sociales est important, plus le système social est complexe, plus la sélection naturelle aurait favorisé un cerveau plus performant qui, en retour, aurait permis de gérer des relations sociales plus intriquées.

L'intelligence évolue-t-elle encore aujourd'hui ? Dans les années 1930, on pensait qu'elle allait inévitablement diminuer. Cette crainte s'appuyait sur un constat prétendument étayé à l'époque : les familles les plus pauvres étaient les moins intelligentes et avaient plus d'enfants que les riches. En un mot comme en cent, on avait peur que les individus au QI limité se reproduisent davantage ! L'une des erreurs de ce raisonnement était de croire que l'intelligence se transmet totalement à sa progéniture, par le biais de la génétique. Les tentations eugénistes pour limiter la reproduction des individus en bas de la hiérarchie sociale avant la Seconde Guerre mondiale ont prospéré sur cette erreur, que l'on sait grossière aujourd'hui. De même que les politiques de stérilisation des femmes présentant un handicap mental ou une déficience intellectuelle, qui ont perduré au Japon jusqu'à la fin des années 1990...

L'intelligence a-t-elle tout de même varié ? Oui, mais dans le sens contraire ! Les mesures ont montré que l'intelligence mesurée par le QI n'a cessé d'augmenter au XXe siècle : d'environ 30 points en 100 ans. C'est l'effet Flynn. Pour rappel, un QI de 100 est la « norme », un QI de 70 désigne une « débilité légère ». Mais ce constat débouche sur un paradoxe. S'il était rigoureusement exact, nos grands-parents auraient eu en moyenne un QI de 30 points inférieur, donc de 70. Tous des « débiles légers », vraiment ? Il est plus vraisemblable que le QI ne mesure pas, de façon fiable et intemporelle, l'intelligence. Il s'agit plutôt d'un score de réussite à des tests que davantage d'individus ont su passer, à mesure que l'enseignement à l'école se généralisait dans toutes les couches de la société.

Autre remarque : le QI ne mesure pas l'intelligence créative, l'intelligence émotionnelle, l'intelligence pratique. Quand on embrasse du regard l'intelligence sous toutes ses formes, c'est une gageure de savoir comment l'intelligence a évolué, et c'est encore plus dur de se prêter à des conjectures pour l'avenir. Mais une chose reste sûre : l'évolution a fait de nous une espèce intelligente, à nous de l'utiliser à bon escient !

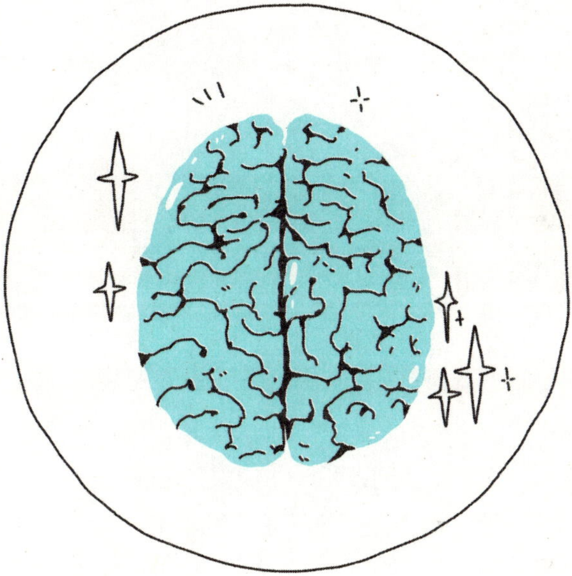

le hasard, à la source de la vie

Aucun organisme vivant sur Terre n'existerait sans les mutations génétiques qui frappent les cellules. L'aléatoire est le maître-mot de ces altérations.

Sur la côte ouest de l'Australie, le golfe de Shark Bay est une fenêtre vers les origines de la vie. Ce qui ressemble à des rochers parsemant le sable est en réalité… vivant. Les centaines de grosses boules noires sont des stromatolithes, c'est-à-dire des concrétions minérales bâties par des algues microscopiques. Les biologistes pensent qu'elles offrent un aperçu des tout premiers organismes qui ont fleuri sur Terre, il y a 3,5 milliards d'années.

L'instant zéro de la vie sur notre planète a pu être bien antérieur (certains évoquent la date de –4,29 milliards d'années), mais une chose est avérée : entre ces espèces pionnières et toute la variété de formes de vie existantes aujourd'hui, tout a reposé sur le hasard. En quoi a-t-il joué dans l'arbre de la vie ? En fait, nous sommes les descendants des premières cellules qui contenaient de l'ADN (ou de l'ARN, la molécule qui sert aujourd'hui de photocopieur à l'ADN au sein des cellules, mais qui aurait pu jouer un rôle majeur lors de l'apparition de la vie). Or, avec ce type de molécule, le hasard est devenu la base de l'évolution biologique.

En effet, à chaque division cellulaire, l'ADN se voit recopié afin de fournir deux exemplaires d'ADN qui habiteront les cellules filles. Pour autant, cette copie n'est jamais parfaite : de façon aléatoire, des erreurs se glissent lors de la reproduction. Imaginez si l'on devait recopier lettre à lettre un livre : inévitablement, même le copiste le plus talentueux ferait quelques coquilles. Pour vous donner un ordre d'idée du défi que relèvent constamment les cellules, voici quelques chiffres : notre ADN contient 3 milliards de lettres, or seules entre 30 et 40 mutations entachent en moyenne sa copie à chaque génération. 30 et 40 mutations vous séparent donc à la naissance de l'ADN de chacun de vos parents – vous êtes en somme porteur de 70 « coquilles ».

Une trentaine d'erreurs sur 3 milliards de lettres, c'est vraiment très peu. En d'autres termes, notre ADN est super-robuste et fichtrement bien copié ! Ce n'est pas le cas de tous les organismes. Par exemple, le fameux virus SARS-CoV-2, dont le génome est beaucoup plus petit (30 000 lettres), affiche un taux de mutations environ mille fois plus élevé. Quant au virus de la grippe, il mute encore deux fois plus.

Pourquoi ces mutations aléatoires sont-elles fondamentales à la vie ? Parce qu'elles sont le moteur de l'évolution. Les mutations chez l'humain sont pour la plupart neutres, et, pour une minorité, néfastes, c'est-à-dire que leurs porteurs survivent moins bien ou ne se reproduisent pas aussi efficacement. Toutefois, dans quelques très rares cas, le hasard fait bien les choses, et ces mutations dotent l'individu d'un avantage dans son milieu. Elles peuvent être immédiatement bénéfiques ou révéler leur intérêt lors de l'émergence d'une nouvelle maladie, par exemple. Les mutations sont en quelque sorte un réservoir de potentialités pour des adaptations futures.

Ainsi, les Bajo en Indonésie ont eu la chance de voir apparaître dans le génome de leurs ancêtres une mutation qui allait devenir fort avantageuse : elle permet de nager en apnée plus de 10 minutes ! Cette mutation n'a certainement aucun intérêt pour la plupart d'entre nous et est dite neutre. Chez les Bajo, pêcheurs d'éponges, elle s'est en revanche révélée un sacré avantage !

L'aléa génétique est le carburant de toutes les grandes inventions évolutives depuis l'origine de la vie : la respiration des premières bactéries qui a enrichi l'atmosphère en oxygène, le passage d'organismes unicellulaires à des individus constitués de plusieurs cellules, l'apparition du cerveau comme système nerveux central… Dans des temps plus proches, nos ancêtres ont eu la chance de porter des mutations favorisant le développement d'un cerveau particulièrement efficace, de la bipédie, du langage, etc. Bref, nous sommes les descendants de tous ces heureux gagnants à la loterie des mutations.

conclusion

notre évolution va-t-elle se poursuivre ?

Michel-Ange a peint *La Création d'Adam* sur le plafond de la chapelle Sixtine, à Rome. Il y a représenté Dieu créant l'homme à son image d'un simple index pointé vers la Terre. Longtemps, les religions, qui sont supposées nous donner une vision des origines, ont raconté que l'être humain avait jailli du néant, comme une étincelle dans les ténèbres. Aujourd'hui, nous savons que l'Homme a eu un passé. Qu'il lui a fallu 7 millions d'années pour s'émanciper de la lignée commune aux chimpanzés et devenir la créature aventurière qui a étendu son empire sur tous les continents.

J'ai évoqué dans ce livre quelques instants clés de cette grande aventure humaine. L'origine sociale de notre intelligence. Les rencontres qui ont parsemé cette odyssée, notamment avec nos cousins Néandertal et Denisova, aujourd'hui disparus. Puis la fabuleuse accélération de nos échanges et de nos migrations qui ont resserré les liens génétiques entre humains. Et maintenant ? Quel chemin attend dorénavant l'espèce humaine ? Continuera-t-elle d'évoluer ?

Il serait faux de croire que, puisque l'essentiel d'entre nous ne vit plus comme des chasseurs-cueilleurs soumis aux aléas de la nature, nous ne nous émanciperons pas de ce grand principe universel qui veut que toutes les espèces vivantes évoluent : à chaque fois que deux êtres humains engendreront un enfant, des mutations, des nouveautés génétiques apparaîtront par hasard dans notre ADN. Pour l'essentiel, ces altérations ne changeront pas grand-chose, mais une infime partie d'entre elles se révéleront positives et seront retenues par la sélection naturelle.

Mais de quelle sélection s'agit-il ? L'amélioration incessante de la qualité de vie depuis 200 ans, dans les pays riches, donne l'impression que la sélection naturelle s'est presque tarie : quasiment tous les enfants atteignent l'âge adulte, alors que presque la moitié mourait il y a deux siècles. En fait, la sélection joue à présent sur la fertilité et la reproduction. On voit déjà que, dans certaines régions polluées, les chromosomes Y, plus fragiles que le reste du génome, entraînent une infertilité masculine. La sélection naturelle dépend du milieu dans lequel nous vivons, celui que nous nous créons.

Dans quelles directions ira l'évolution ? Question épineuse. Cela dépendra du hasard des mutations et, justement, de l'environnement dans lequel nous habiterons. Deux éléments bien difficiles à prédire ! Inutile de lorgner vers des hypothèses fantasques de science-fiction : nous n'aurons pas les jambes plus courtes car nous marcherions moins, ni un sixième doigt pour mieux utiliser les smartphones. Et s'il est difficile d'anticiper à long terme où nous amènera le jeu de la vie, il y a au moins un aspect humain qui ne changera pas.

Lequel ? Nos incessantes migrations. Nous sommes une espèce qui a la bougeotte. En cela, nous nous distinguons de nos cousins, les grands singes non humains, qui sont restés rivés à leur berceau, l'Afrique tropicale et l'Asie du Sud-Est pour les orangs-outans. La migration fait partie du succès de notre espèce. Un futur sans ces échanges de gènes me semble irréaliste. Cela peut vous paraître étrange, mais c'est la leçon que retient la généticienne anthropologue que je suis. Vous songez certainement davantage à un futur empli de fusées vers Mars ou de voitures volantes. Moi, j'imagine les déplacements humains. Et un ticket pour Mars, n'est-ce pas déjà une forme de migration ?

Une chose que l'on peut prédire dans un futur proche avec une quasi-certitude, c'est l'envolée de notre démographie. Nous atteindrons un pic de population d'environ 10 milliards d'humains dans 30 à 50 ans. L'essentiel de ce boom aura lieu en Afrique. Or notre impact sur la planète varie d'un facteur 100 selon que l'on est européen ou américain, ou qu'on habite en Afrique. Donc, pour que nous puissions vivre bien et plus nombreux sans détruire davantage notre biotope, il est indispensable que les pays riches basculent vers des modes de consommation plus en adéquation avec le futur de la planète. Nous sommes les héritiers des générations passées, soyons maintenant solidaires des générations futures !

biblio-
graphie

Le legs de Néandertal, p. 9

BRAND, C. M., CAPRA, J. A., COLBRAN, L. L., « Predicting archaic hominin phenotypes from genomic data », *Annual Review of Genomics and Human Genetics*, 2022

HAJDINJAK, M. *et al.*, « Initial Upper Palaeolithic humans in Europe had recent Neanderthal ancestry ». *Nature*, vol. 592, 2021

PÄÄBO, S., ZEBERG, H., « The Major Genetic Risk factor for severe COVID-19 is inherited from Neanderthals », *Nature*, 2020

Denisova, notre autre cousin disparu, p. 21

CHEN, F. *et al.*, « A late Middle Pleistocene Denisovan mandible from the Tibetan Plateau », *Nature*, vol. 569, 2019

CONDEMI S., MAZIÈRES S., FAUX P., COSTEDOAT C., RUIZ-LINARES A., BAILLY P. *et al.*, « Blood groups of Neandertals and Denisova decrypted ». *PLOS ONE,* Public Library Science of London, 2021

MASSILANI, D. *et al.*, « Denisovan ancestry and population history of early East Asians », *Science*, 2020

ZHANG, D. *et al.*, « Denisovan DNA in Late Pleistocene sediments from Baishiya Karst Cave on the Tibetan Plateau », *Science*, 2020

Le paradoxe de l'accouchement, p. 27

PAVARD, Samuel, « Pourquoi accoucher est-il si dangereux ? », in Évelyne Heyer (dir.), *Une belle histoire de l'Homme*, Flammarion, 2022

L'extinction de Néandertal, p. 41

BALZEAU, A. *et al.*, « Pluridisciplinary evidence for burial for the La Ferrassie 8 Neandertal child », *Scientific Reports*, 2020

MEYER, M. *et al.*, « A High-Coverage Genome Sequence from an Archaic Denisovan Individual », *Science*, 2012

PRÜFER, K. *et al.*, « The Complete Genome Sequence of a Neanderthal from the Altai Mountains », *Nature*, 2014

Deux humanités dans la jungle, p. 53

CHOIN, J., MENDOZA-REVILLA, J., ARAUNA, L.R. *et al.* « Genomic insights into population history and biological adaptation in Oceania ». *Nature*, vol. 592, 2021

CORNY, J., DAVER, G., DETROIT, F., SALVADOR MIJARES, A., ZANOLLI, C. *et al.*, « A new species of Homo from the Late Pleistocene of the Philippines », *Nature*, vol. 568, 2019

DEMETER, F., ZANOLLI, C., WESTAWAY, K. E. *et al.*, « Middle Pleistocene Denisovan molar from the Annamite Chain of northern Laos », *Nature*, 2022

TEIXEIRA, João C. *et al.*, « Widespread Denisovan ancestry in Island Southeast Asia but no evidence of substantial super-archaic hominin admixture ». *Nature Ecology & Evolution*, vol. 5, 2021

La solitude de Sapiens, p. 59

Le Monde avec AFP. « Près de 8,7 millions d'espèces vivantes peuplent la Terre ». *Le Monde.fr*, 23 août 2011

CORNY, J., DAVER, G., DETROIT, F., SALVADOR MIJARES, A., ZANOLLI, C. *et al.*, « A new species of Homo from the Late Pleistocene of the Philippines », *Nature*, vol. 568, 2019

Les femmes dans la préhistoire, p. 67

HAAS, R. *et al.*, « Female hunters of the early Americas », *Science Advances*, 2021

MITTNIK, A. *et al.*, « Kinship-based social inequality in Bronze Age Europe », *Science*, 2019

Les humains, des singes qui coopèrent, p. 73

BOYD, R., RICHERSON, P. J., « Culture and the evolution of human cooperation », *Philosophical Transactions of the Royal Society*, 2009

CANDAU, J., « Pourquoi coopérer », *Terrain*, vol. 58, 2012

HOUSE, B. R., SILK, J. B., « The Evolution of altruistic social preferences in human groups », *Philosophical Transactions of the Royal Society*, 2016

MELIS, A. P., SEMMANN, D., « How is human cooperation different ? », *Philosophical Transactions of the Royal Society*, 2010

La colonisation de l'Amérique et ses énigmes, p. 83

IOANNIDIS, A. G. *et al.*, « Native American gene flow into Polynesia predating Easter Island settlement », *Nature*, 2020

MORENO-MAYAR, J. V. *et al.*, « Early human dispersals within the Americas », *Science*, 2018

RAGHAVAN, M. *et al.*, « Genomic evidence for the Pleistocene and recent population history of Native Americans », *Science*, 2015

ROULLIER, C. *et al.*, « Historical collections reveal patterns of diffusion of sweet potato in Oceania obscured by modern plant movements and recombination », PNAS, 2013

Des mutations pour conquérir la planète, p. 89

BAR-ON, Yinon M., « The biomass distribution on Earth ». *Proceedings of the National Academy of Sciences*, vol. 115, n° 25, 2018

FUMAGALLI, M. *et al.*, « Greenlandic Inuit show genetic signatures of diet and climate adaptation », *Science*, 2015

HLUSKO, L. J. *et al.*, « Environmental selection during the last ice age on the mother-to-infant transmission of vitamin D and fatty acids through breast milk », PNAS, 2018

Les Yamnayas, ancêtres cachés des Européens, p. 109

HAAK, W. *et al.*, « Massive migration from the steppe was a source for Indo-European languages in Europe », *Nature*, 2015

Notre culture façonne l'ADN de l'humanité, p. 115

FUMAGALLI, M. *et al.*, « Greenlandic Inuit show genetic signatures of diet and climate adaptation », *Science*, 2015

ILARDO, M. *et al.*, « Physiological and Genetic Adaptations to Diving in Sea Nomads », *Cell*, 2018

KOTHAPALLI, K. *et al.*, « Positive Selection on a Regulatory Insertion–Deletion Polymorphism in FADS2 Influences Apparent Endogenous Synthesis of Arachidonic Acid », *Society for Molecular Biology and Evolution*, 2016

Le verre (de lait) de trop, p. 121

GERBAULT, P. *et al.*, « Evolution of lactase persistence : an example of human niche construction ». *Philosophical Transactions of the Royal Society B: Biological Sciences*, vol. 366, n° 1566, 2011

SÉGUREL, L. *et al.*, « Why and when was lactase persistence selected for ? Insights from Central Asian herders and ancient DNA », *Plos Biology*, 2020

Les Basques jouissent-ils d'une autonomie (génétique) ?, p. 129

BYCROFT, C. *et al.*, « Patterns of genetic differentiation and the footprints of historical migrations in the Iberian Peninsula », *Nature Communications*, 2019

FLORES-BELLO A., BAUDUER F., SALABERRIA J., BEÑAT B., OYHARÇABAL, *et al.*, « Genetic origins, singularity, and heterogeneity of Basques ». *Current Biology – CB*, Elsevier, 2021

VALDIOSERA, C. *et al.*, « Four millennia of Iberian biomolecular prehistory illustrate the impact of prehistoric migrations at the far end of Eurasia », PNAS, 2018

Tous Fils de Gengis Khan !, p. 137

LY, G. *et al.*, « From matrimonial practices to genetic diversity in Southeast Asian populations : the signature of the matrilineal puzzle », *Philosophical Transactions of the Royal Society*, 2019

MARCHI, N. *et al.*, « Sex-specific genetic diversity is shaped by cultural factors in Inner Asian human populations », *Physical Anthropology*, vol. 162, 2017

Tous cousins !, p. 143

COOP, G., RALPH, P., « The Geography of Recent Genetic Ancestry across Europe », *Plos Biology*, 2013

Derrida, B. *et al.*, « On the Genealogy of a Population of Biparental Individuals », *Journal of Theoretical Biology*, 2000

Gravel, S., Steel, M., « The existence and abundance of ghost ancestors in biparental populations », *Theoretical Population Biology*, vol. 101, 2015

Kelleher, J. *et al.*, « Spread of pedigree versus genetic ancestry in spatially distributed populations », *Theoretical Population Biology*, vol. 108, 2016

Rohde, D. L. T. *et al.*, « Modelling the recent common ancestry of all living humans », *Nature*, 2004

Les grandes épidémies se lisent dans nos gènes, p. 167

Kerner G. *et al.*, « Human ancient DNA analyses reveal the high burden of tuberculosis in Europeans over the last 2,000 years ». *The American Journal of Human Genetics*, 2021

Question de taille, p. 173

« Comparaison de la taille moyenne dans le monde ». *Données-Mondiales.com*, www.donneesmondiales.com/taille-moyenne.php

La grande aventure du décryptage de l'ADN, p. 181

« Draft of the Human Genome Sequence Announcement at the White House (2000) ». *YouTube*, National Human Genome Research Institute, 29 août 2012, www.youtube.com/watch?v=slRyGLmt3qc&ab_channel=NationalHumanGenomeResearchInstitute

International Human Genome Sequencing Consortium, « Initial sequencing and analysis of the human genome », *Nature*, 2001

Nurk, S. *et al.*, « The Complete Sequence of a Human Genome », *Science*, 2022

VENTER, J. C. *et al.*, « The Sequence of the Human Genome », *Science*, 2001

Le faux déterminisme de l'intelligence, p. 187

OKBAY, A. *et al.*, « Polygenic prediction of educational attainment within and between families from genome-wide association analyses in 3 million individuals », *Nature Genetics*, 2022

SCHORK, A. J. *et al.*, « Indirect paths from genetics to education », *Nature Genetics*, 2022

Le boom des jumeaux, p. 193

« Base de données sur les naissances multiples chez les humains ». *The Human Multiple Births Data Base*, 2021 www.twinbirths.org/fr

MONDEN, C. *et al.*, « Twin Peaks : more twinning in humans than ever before », *Human Reproduction*, vol. 36, 2021

TESCHLER-NICOLA, M. *et al.*, « Ancient DNA reveals monozygotic newborn twins from the Upper Palaeolithic », *Nature*, 2020

Des archives génétiques dans la terre, p. 199

ZAVALA, Elena I. *et al.*, « Pleistocene Sediment DNA Reveals Hominin and Faunal Turnovers at Denisova Cave ». *Nature*, 2021

Cerveau néandertalien vs cerveau sapiens, p. 205

TRUJILLO, Cleber A. *et al.*, « Reintroduction of the archaic variant of *NOVA1* in cortical organoids alters neurodevelopment ». *Science*, vol. 371, 2021

Néandertal parlait-il ?, p. 211

CONDE-VALVERDE, Mercedes *et al.*, « Neanderthals and Homo sapiens had similar auditory and speech capacities ». *Nature Ecology & Evolution*, vol. 5, 2021

Existe-t-il des « races » humaines ?, p. 217

HEYER, Évelyne, RAYNAUD-PALIGOT, Carole, *On vient vraiment tous d'Afrique ?*, Flammarion, coll. Champs, 2019

Le hasard, à la source de la vie, p. 231

JÓNSSON, H. *et al.*, « Parental influence on human germline de novo mutations in 1,548 trios from Iceland », *Nature*, 2017

Remerciements

Je tiens à remercier tous mes collègues dont les recherches ont été autant de sources d'inspiration pour ces récits.

Un énorme merci à Mathieu Vidard pour m'avoir donné la possibilité de créer ces chroniques en toute liberté dans son émission « La Terre au carré » sur France Inter.

Ce livre n'aurait pas existé sans mon éditeur Christian Counillon et les améliorations précieuses apportées par Xavier Müller : qu'ils en soient ici remerciés.

Et une pensée spéciale pour Yves Coppens, qui m'a fortement encouragée dans la diffusion des connaissances. Il restera pour moi un exemple de conteur des sciences…

Table

Notre préhistoire lointaine

La conquête de la Terre

Au Moyen Âge et après

Et maintenant ?

NORD COMPO
multimédia

Composition et mise en pages
Nord Compo à Villeneuve-d'Ascq

Cet ouvrage a été achevé d'imprimer en décembre 2022
sur les presses de Normandie Roto Impression s.a.s.
61250 Lonrai
N° d'impression : 2206207
N° d'édition : 594189-2
Dépôt légal : octobre 2022

Imprimé en France